性格特征不是遗传来的能力的展现，而是人为坚持了某种特殊惯态而习得的。

——阿尔弗雷德·阿德勒

［奥］阿尔弗雷德·阿德勒（Alfred Adler）著
王俊兰 译

理解人性

Understanding
Human Nature

机械工业出版社
CHINA MACHINE PRESS

图书在版编目（CIP）数据

理解人性 /（奥）阿尔弗雷德·阿德勒（Alfred Adler）著；王俊兰译. -- 北京：机械工业出版社，2025. 5（2025. 11 重印）. -- ISBN 978-7-111-77760-1

Ⅰ. B848

中国国家版本馆 CIP 数据核字第 20256234XC 号

机械工业出版社（北京市百万庄大街 22 号　邮政编码 100037）

策划编辑：欧阳智　　责任编辑：欧阳智　侯思琪

责任校对：刘　雪　杨　霞　景　飞　　责任印制：张　博

北京机工印刷厂有限公司印刷

2025 年 11 月第 1 版第 2 次印刷

147mm × 210mm · 9.75 印张 · 1 插页 · 193 千字

标准书号：ISBN 978-7-111-77760-1

定价：39.80 元

电话服务	网络服务
客服电话：010-88361066	机　工　官　网：www.cmpbook.com
010-88379833	机　工　官　博：weibo.com/cmp1952
010-68326294	金　　书　　网：www.golden-book.com
封底无防伪标均为盗版	机工教育服务网：www.cmpedu.com

Understanding
Human Nature

目　录

Understanding
Human Nature

导 读

活出阿德勒心理学，择你所爱的人生

成长过程中避免不了的困顿与疑惑、生活的压力和苦恼，这些关于人和生活的大哉问都能从个体心理学获得清晰的答案，甚至提出生命努力的方向。《理解人性》与《理解生活》是个体心理学爱好者必读的两本经典巨作，也是每位心理专业工作者的实用工具书。

阿德勒出生于奥地利，是一位对后世影响宏大深远的著名心理学家、心理治疗大师和儿童教育家。他曾接受弗洛伊德邀请出任维也纳精神分析学会主席和学刊编辑，阿德勒早期的研究以器官缺陷（organ inferiority）为主，当自卑

(inferiority)和补偿(compensation)开始成为阿德勒学说的中心思想时，他便与弗洛伊德产生了理念分歧，于1912年创立个体心理学派。

《理解人性》即阿德勒在创建个体心理学派之后出版的第一本著作，其重要性自不在话下。阿德勒致力于儿童心理健康辅导，并进一步推及成人心理教育，他在第一次世界大战时被征召入伍担任军医，悲天悯人的胸襟激发他于战后退伍开始四处讲学，并推动儿童辅导诊所的设立。《理解人性》是阿德勒在维也纳人民学院每周一回的演讲内容的结集，于1918年以德文出版，随后由参与阿德勒研究工作并场场出席的美国医学博士W. B. 沃尔夫(W. B. Wolfe)进行英译，英文版于1927年问世，《理解人性》中文简体版即以英文版为翻译依据。同一时期也首度出版《理解生活》，两年后英文版问世。此时阿德勒已远赴美国，成为哥伦比亚大学的客座教授，十年后辞世于苏格兰。

个体心理学是历史上第一个从社会取向中发展出来的心理学系统，强调个体与群体的关系密不可分，也就是说人的性格发展深植于社会关系当中；人如果对群体生活适应不良，便可能产生性格偏差或缺失导致生活行为错误，从而影响自身或他人的生活质量。阿德勒认为："我们对他人的态度完全取决于我们对他们的理解，因此，我们有必要去理解他们，这是社会关系的基础。"(《理解人性》)**他试图借由出版《理解人性》一书让大众了解四项主旨：①个体心理学的基础知**

识，增进对自我和他人的认识；②教导人如何辨认自己的错误及其影响；③进而能理解到个人的错误行为损人不利己，更影响群体生活；④个人如何针对生活和谐进行改善。《理解人性》全书章节分为两大部分，第一部分“人的行为”包含八章，阐述人类精神生活的发展、各种影响性格形成的因素，以及行为与性格背后的动机。第二部分“性格的科学”包含五章，说明不同性格与情感的特征。此书对于性格的描写丝丝入扣，充分展现了人性幽暗细微之处，有时令人莞尔一笑，有时又惊心动魄，仿佛身边的人就有此性格，长年来自己却未能察觉。这对于专业咨询人员进行咨询方针拟定十分实用，对于一般大众阅读亦能产生自我启发和成长之效力。

阿德勒使用一般成人能懂的口吻，在《理解人性》一书中细腻大胆地揭露人性和心理机制，解说精神生命由来以及性格的不同特征，将情绪也视为性格的一部分，涵盖了个体心理学的理论，并强调儿童教育之于人格形成的重要性。此书在个体心理学历史中具有特殊关键地位，主要是因为**阿德勒于《理解人性》书中首度提出“社会感”(gemeinschaftsgefühl)》(或译为社会兴趣、社会情怀)这项贯穿个体心理学的核心概念。**阿德勒说，人不够强壮到独自生活，群体生活是有必要的，因为透过分配劳务可以解决个体无法解决的问题，合作是群体生活所必需的技能。由于阿德勒亲身经历第一次世界大战，认为战争起因于人们缺乏足够的社会情怀，因此个体心理学致力于提倡培养人的社会情怀，是生活问题的终极解决之道。许多学习者对于社会感的概念感觉模糊难捉摸，翻译时的译名版本也层出不穷；事实上，阿德勒提出的社会感与孟子所描述的理想社会的“老吾老以及人之老，幼吾幼以及人之幼”，以及孔子对大同之世的理解“故人不独亲其亲，不独子其子，使老有所终，壮有所用，幼有所长，矜、寡、孤、独、废疾者皆有所养”等东方社会流传已久的儒家思想有异曲同工之妙，若从这个角度来理解社会感便清晰、容易得多。

另一个在《理解人性》中被强调的重要概念是“行为的目的性”（teleology）。人需要适应环境，并对环境做出反应，个体心理学假设每个人的心中都有着想要追求的特定目标，虽然个人可能对于自己的目标选择不太了解，也可能是模糊的想象目标，然而精神生活中的所有表现都朝向一个目标，是种对未来某些情境所做的准备，也像是一出从头到尾自编自导的戏剧。阿德勒在此书中再三提及辨识人们如何设定目标的重要性，伴随着他稍早发表的自卑感及其补偿（compensating of the feeling of inferiority）理论，说明目标设定是一种支配他人、胜过他人的倾向，基于幼年时期的不成熟和弱小，再加上来自家庭的影响，孩童很容易有不如人的自卑感，为了弥补自卑感，逐渐产生出被认同的需要并获取优越感。孩童也容易错误估计自己的自卑程度而建构出错误的行为目的，发展出被称为“问题儿童”的问题行为。

相较于《理解人性》侧重于人性心理机制的精细描述和

说理，《理解生活》于1926年首次出版，原名为《生活的科学》（*The Science of Living*），书中运用大量的临床实务案例，从个体心理学的角度来剖析人的性格，并呈现不同个体上的差异和独特性，对于如何进行阿德勒学派心理治疗或教育方针有更清晰的说明，在心理治疗和教育领域的实务工作上贡献宏大而深远。**阿德勒在《理解生活》一书中正式引介了“生活风格”（the life style）（或译为生命风格、生活方式）这个概念**，指的是人积极主动的天性，从受精细胞开始成长，包括欲望、感觉、记忆和做梦等，人的每一部分都是以自我整体一致性朝向目标前进。他强调人的独特性和自主创造性，主张人不会任由过去的经验决定自己，而能自主地决定如何运用该经验。在这一点上，个体心理学让人从过去的宿命论中解脱出来，重新赋权个人。在原著出版近百年后的今天，经典重译的此刻，阿德勒心理学对于人生问题所展现的釜底抽薪、解决问题的力道，仍让我们感到震撼。生活风格既然是由个人的自主决定所塑造，那么结果自然得自行承担，改变也需从自身做起。

《理解生活》一书中对于使用“早期回忆”（childhood memories）对人的生活风格进行探讨，有精彩的解析。阿德勒独创的早期回忆分析法，是最令人好奇和津津乐道的个体心理学概念，即请来访者回溯孩童时期的特殊事件，包括当时对该事件的想法和情绪，从回忆中去了解来访者对自己、他人和世界的看法，从而探索其需求、目标、生活风格和个人特质。早期记忆就像是探照灯，是阿德勒心理治疗技术中用来检视生活风格的主要工具，照亮生活风格的根源。也由于对于童年早期的重视，阿德勒认为研究本身并不是目的，目的在于造福人类，所以他对个体心理学的研究深入到了教育学领域，他对于家庭学校教育的论述，至今仍蔚为主流。他倡导儿童教育在家庭和学校的重要性，认为父母拥有培养儿童健全人格的最大优势，主张父母和教师需懂得生活风格的道理，才能敏锐察觉出儿童早期的错误，掌握最佳的修正时机。如果家庭无法提供适当教导，学校教师则成为儿童人格的第二道防线。

在心理治疗和教学工作中，经常能印证阿德勒对人性和生活的看法，他认为生活中出问题的人，他们在面对工作、社交和婚恋（或亲子家庭）困难时，因为缺乏社会感、不相信这些难题可以用合作的方式解决，而采用逃避或压抑、暴力或犯罪等不良方式，争取的目标是一种虚假的个人优越感，弥补过度夸大的自卑。从阿德勒的这两本经典著作中描绘个案心理感受的细致完善和深刻透析，便能看见阿德勒心理学对于人性和生活秉持着完全接纳与尊重的态度。阿德勒相信，每一个看似伤害的无理行为，背后都有良善的企图，想要追求成功的心意，只是受挫太深缺乏勇气与人合作；若能让来访者看见自己犯的错误，调整行为背后的目的，改变就有发生的契机。

笔者实践阿德勒心理原则于工作和生活多年，对于善用阿德勒学说造成人生巨大翻转的情形，时有见证并感悟深刻。**人生目标若能选择确切利人利己，成功已经在握，然选择一个具有社会感的目标则需要勇气，需要有与人合作的能力。**在《理解人性》与《理解生活》两本经典著作中，提供给我们重新**认识自己**和**人生面貌**的绝佳途径，阅读过程中请慢慢体会这位心理学百年大师的真知灼见，愿你我以阿德勒的智慧淬炼心灵，培养乐观有勇气的**人生风格**，成为更好的自己，**拥有幸福**的人生。

姚以婷

中国台湾亚和心理咨商和训练中心院长

北美和中国台湾阿德勒学会认证讲师

美国正面管教和鼓励咨询资深导师

Understanding
Human Nature

推荐序一

来自维也纳的心灵教育大师

阿德勒于1870年出生于维也纳的郊区。这一时期前后的维也纳可以说是个非凡的地方，光是在心理治疗领域就贡献了多位世界级的大师，如精神分析（psychoanalysis）的创始人弗洛伊德（Sigmund Freud，1856—1939）、个体心理学（individual psychology）的创始人阿德勒（Alfred Adler，1870—1937）、意义疗法（logotherapy）的创始人弗兰克尔（Viktor Frankl，1905—1997）、心理剧（psychodrama）疗法的创始人莫雷诺（Jacob Moreno，1889—1974）、精神分析客体关系理论（object relational theory）集大成者克恩伯格（Otto Kernberg，1928—）和自体心理学（self psychology）

创始人科胡特（Heinz Kohut，1913—1981），以及聚焦疗法（focusing therapy）的创始人简德林（Eugene Gendlin，1926—2017）。这几位大师，无一例外是犹太人，其中阿德勒、莫雷诺和弗兰克尔都曾经见过弗洛伊德，阿德勒则与弗洛伊德有过长期而富有细节的交往，可以说这三个人的思想和实践体系都同弗洛伊德保持着一定程度的张力，而其中张力最大者莫过于阿德勒。从某种程度上说，阿德勒更可以被划入教育家一类。

一个人选择或创造什么样的学派，往往与这个人的经历密不可分。阿德勒不像他的前辈及好友弗洛伊德般高大且“高贵”，弗洛伊德尽管有兄弟姐妹，但几乎是被视为独生子般为母亲所宠爱。学业上的不同凡响进一步造就了弗洛伊德坚毅或固执的个性。阿德勒或许是由于本人幼年时经常体验到自卑感，其思想核心之一便是识别出一个人的“自卑情结”以及此人为此所做出的补偿与努力，这或许让出身于草根的读者感到更加亲切。阿德勒作为多子女家庭的一员，对同胞间竞争的动力有着深刻的体会，所以会对出生顺序对人格和动机的影响非常敏感。然而这些并不是阿德勒思想最为深刻的地方，在我看来，他最为核心也最为坚持的对人性的看法就是“人性深深根植于社会之中”这一点。罗伯特·鲁尼恩（Robert Runyon，1984）㊀

㊀ RUNYON R (1984). Freud and Adler: a conceptual analysis of their differences [J]. Psychoanalytic review, 71(3): 413-422.

在其长文中列表分析了弗洛伊德和阿德勒之间的20点不同，细细读来会让人产生一种“既生瑜，何生亮”式的感慨。弗洛伊德的目光直指人性的深处，窥视晦暗幽冥之处的人性“小九九”，并努力使之大白于天下（荣格在这一点上似乎研究得更深，深到弗洛伊德都大呼“受不了”）。Adler的本意是“鹰”，这只鹰的眼睛似乎总往外看。

阿德勒的诸多提法，如“社会兴趣”“自卑与补偿”“生活风格与生活任务”“家庭序列与出生次序”等，完全不类于高深莫测的弗洛伊德和荣格式“行话”，基本上可以“望文生义”。正是因为如此，国内的阿德勒研究似乎不怎么火，好像太浅了不值得研究。然而心理治疗流派演化史中受过阿德勒影响的可以列出一份长长的清单，如罗洛·梅、马斯洛、艾利斯、霍尼、沙利文、弗洛姆、伯恩等。其中，霍尼为国内学界较早地认识并译介，霍尼在精神分析阵营的内部开辟了新精神分析的道路，是精神分析社会文化学派的奠基者，并启发了弗洛姆的“马克思主义精神分析”。有学者通过概念的研究，发现霍尼的理论与阿德勒几乎呈现一一对应的关系（Nathan Freeman，1950）㊀，由此可见我们重读阿德勒的重要性。

摆在读者面前的这两部书——《理解人性》《理解生活》大致上可以被合称为“个体心理学导论”，它们成书于作者思

㊀ FREEMAN N (1950). Concepts of Adler and Horney. The American journal of psychoanalysis, 10(1): 18-26.

想的成熟期。书中，阿德勒以演讲体的风格娓娓道来，平实的语言中蕴含了作者对人性和生活的深刻洞察。无论是从事临床心理的研究者还是家长、老师都可以从中获益。祝各位开卷有益，让我们开启与来自维也纳的心灵教育大师的跨时空对话。

张沛超博士

资深心理咨询师

Understanding
Human Nature

推荐序二

近看是矮子，远看是巨人

阿德勒是一个矮子，大概比我还要矮一点儿。

我有多高？这么说吧，当初我报考警察，就因为身高不够而落榜。落榜就落榜，我只当缘分不够，总归是没有人骂我的。

可是，当初阿德勒与弗洛伊德分手（阿德勒是第一个与弗洛伊德分道扬镳的人）的时候，弗洛伊德就骂他是个“变态”，以及是个“妄想、嫉妒和玩世不恭的矮子”。当然，阿德勒也回敬弗洛伊德了，他说弗洛伊德是个“骗子”，而他的

精神分析就是“垃圾”。㊀

弗洛伊德的精神分析是“垃圾”，那阿德勒的理论又是什么呢？

1911 年，阿德勒被迫离开了维也纳精神分析学会，同时带走了几位亲密的同事，他们走进了附近的一家咖啡馆，拍桌子决定要成立一个新的团体——自由精神分析协会。他们想要更多的自由，想要打破原来精神分析的框架与束缚。1913 年，这个团体更名为“个体心理学学会”。阿德勒开始称自己的理论为个体心理学。

在 1914 年发行的第一期《个体心理学》杂志中，阿德勒这样写道：

> 个体心理学这个名字传达了这种观念，心理过程及其表征只有在个体的背景下才能得到理解，所有心理学的真知灼见都源于个体本身。我们当然知道完全理解一个单独的个体绝无可能，但是不能阻止我们在一定的历史背景下了解个体的整体人格。在各种情况下，我们得问神经症从哪里来，更重要的是向何处去。神经症是源于童年的器官缺陷还是生活的挫折，向何处去就是他的生活计划是什么。

㊀ SCHULTZ D P，SCHULTZ S E. 现代心理学史［M］. 叶浩生，杨文登，译. 北京：中国轻工业出版社，2015：453.

从上面这段文字，我们大致可以看出阿德勒的个体心理学与弗洛伊德精神分析的一些区别。

弗洛伊德喜欢使用自然科学的研究方法去分析人类的精神世界，例如他把心理划分为意识、前意识和无意识，把人格划分为本我、自我和超我，**而阿德勒强调个体心理学是“一种关注人性的哲学和重视个体整体性的心理学”，他关注的是人格的整体性和一致性**。弗洛伊德认为神经症的起源是童年性欲的压抑和扭曲，而阿德勒认为神经症源于童年的器官缺陷或生活挫折带来的自卑感。当然，不可否认的是，在神经症起源这一点上，弗洛伊德和阿德勒在很大程度上都依赖于自己的个人经验。

弗洛伊德从小在家中就体验到了俄狄浦斯情结，他曾在两岁至两岁半之间，在一次短途旅行中看到了母亲的裸体并且念念不忘，而阿德勒的两岁时光要悲惨得多，他的早期回忆中充满了无奈与悲伤：

> 在我最早的记忆中，有一段是身患佝偻病的我缠着绷带坐在一张长凳上，身体健康的哥哥则坐在我的对面。他可以跑，可以跳，可以轻松地在地上四处活动，但对我而言，每个动作既痛苦又费力。每个人都很努力地想帮我，父母更是竭尽心力。当时的我应该是两岁左右。

因为罹患佝偻病，阿德勒直到四岁才会走路。而在五岁那年，阿德勒又经历了一场生死磨难。在一个寒冷的冬天，有一个大男孩带他去滑冰，可是滑着滑着，大男孩不见了踪影；阿德勒站在冰面上，冻得瑟瑟发抖，后来自己跌跌撞撞地走回了家。这次阿德勒不幸地感染了肺炎，医生认为他已经无望了。但正如你知道的结果，他竟然从死神手里逃脱了，而且阿德勒发誓，长大后他要成为一名医生！

当然，他做到了。阿德勒一直努力补偿他早年的身体缺陷，逐渐成长为一个健康、活跃的小伙子，并且成了一位优秀的眼科医生和内科医生。在结婚前，他写信给自己的女朋友莱莎—— 一位俄国姑娘，满怀信心地说道："虽然小时候我患过重病，但现在我很健康，我成了医生，我战胜了死亡，我有能力和你共创美好未来！"

这身体上的缺陷带来的自卑感也许还好补偿，但是心理上的自卑感就没那么容易解决了。（**最初，阿德勒把自卑感与身体上的缺陷联系在一起，后来他扩展了自卑情结这一概念，把任何身体的、心理的和社会的障碍，不管是真实的还是想象的，都包括在内。**）

正如前面所说，阿德勒有一个身体健康的哥哥——他的名字叫西格蒙德。与身材魁梧、长相英俊的哥哥相比，阿德勒的样貌怎么也算不上潇洒：矮小的身材，又圆又大的头，再加上厚实的额头和宽大的嘴巴。更糟糕的是，西格蒙德在家中备受父母宠爱，大家都认为老大是家里最聪明的、最有天赋的，因此，阿德勒总觉得自己生活在模范大哥的阴影之下。甚至直到中年，他还会小心翼翼地评价这位已是富商的大哥西格蒙德：“一个善良又勤奋的家伙，他一直超过我！”

可是问题的关键恐怕还不在于这个西格蒙德，而在于另外一个西格蒙德：西格蒙德·弗洛伊德。据说弗洛伊德的《梦的解析》一书遭到他人的抨击，而作为粉丝的阿德勒公开发表文章声援弗洛伊德。于是，弗洛伊德就邀请阿德勒来参加他们每晚八点半的星期三学社，其实一开始也就五个人。最初，阿德勒风雨无阻，每周都来参加会谈并且积极发言。当然，弗洛伊德也没有亏待这个勤奋上进的年轻人，1910年，阿德勒被任命为维也纳精神分析学会（前身即星期三学社）的主席和学会杂志《精神分析杂志》（*Zentralblatt für Psychoanalyse*）的主编。

然而，阿德勒童年的自卑感仍在隐隐作痛、伺机发作，他把西格蒙德·弗洛伊德当作要去挑战的“大哥”，对其理论根基提出异议，而这当然是作为母亲最关爱的长子弗洛伊德所无法容忍的。结果是，阿德勒被逐出了维也纳精神分析学会，日后还不时遭到弗洛伊德那伙人的口诛笔伐。幸运的是，阿德勒离开时不仅带走了几位亲密的小伙伴，还带走了一张极为珍贵的明信片。以后每当有报道称阿德勒曾是弗洛伊德的门生时，他就会拿出这张发黄的明信片，上面写着：

> 非常令人尊敬的同事先生：
>
> 为了探讨我们共同感兴趣的话题——心理学和

精神病学，小组里的同事和追随者每晚八点半在我家开始讨论，它正在给我带来会谈的快乐。……你愿意加入我们吗？……我期望你早日答复是否愿意加入我们。今晚你过得愉快吗？

作为你的同事致以我诚挚的问候！

弗洛伊德博士[1]

阿德勒手持明信片，仿佛在说：你看，当初弗洛伊德邀请我的时候，上面写的明明是同事嘛！

在阿德勒去美国之后，有位年轻的后生经常去听他讲课。有一天，这位后生无意间问起一个问题，涉及阿德勒以前是弗洛伊德的门生，阿德勒当时勃然大怒，满脸通红，声音很大，引得人们纷纷侧目。他宣称自己从来就不是弗洛伊德的学生、门徒或追随者，而一直是一个独立的医生和研究者。（这一举动虽然吓得这位后生不知所措，但他还是从阿德勒那里收获颇多，后来成为一位著名的人本主义心理学家，他名叫马斯洛。）

的确，阿德勒和弗洛伊德的理论在某种程度上相差甚远。在第一期《个体心理学》杂志上的那一段话中，你可能还看出了他们之间很重要的一点区别：弗洛伊德关注个体的过去，即是什么原因使一个人变成了现在这个样子，他认为帮

---

[1] 郭本禹，吴杰．阿德勒：个体心理学创立者［M］．广州：广东教育出版社，2012：49．

助病人找出存在于无意识中的症结即可缓解，而**阿德勒更关注未来，即是什么目标在引领一个人克服缺陷，追求卓越**！正如他所说："我们得问神经症从哪里来，更重要的是向何处去……向何处去就是他的生活计划是什么。"

如果说弗洛伊德是一名寻找病根、医治疾病的良医，那么阿德勒更像是一名教育家，他强调的是一个人如何健康地成长和发展，他关注个体生命的意义，换句话说，他教导一个人如何在世上安身立命。

阿德勒认为，人生在世，每个人都面临着三种重要的关系——工作、社交和婚恋，这三种关系构成了三个问题：如何谋求一种工作，使我们在自然资源的限制之下得以生存；如何找到我们在群体中的位置，使我们能够与人合作，并分享合作的利益；如何调整我们自身，以理解两性的存在和依赖于两性关系的人类繁衍问题。

阿德勒发现，一切人类问题都可以归类到这三个主题之中，而每个人对这三个问题的回答，即反映出他对生命意义的最深层感受。他举例说，假使有一个人，他爱情生活的各方面都非常甜蜜而融洽，他在工作上取得了可观的成就，他的朋友很多，他的交际范围广泛而成果丰硕。我们就能断言，这样的人必然会感到生活是个富于创造性的历程，生活中充满了机会，而没有不可克服的困难。

阿德勒理论的众多应用之一是叙事取向的生涯咨询。其核心理念是，最初面临的生活挫折或困境会在个体的记忆中形成一种执念，而个体也会因此形成一种生活风格，有时在无意识中将其转换成一种职业，从而克服童年时期的缺陷和自卑，实现生命的完满。

除了那个从小口吃口含石子勤奋练习，后来成为著名演说家的古希腊人德摩斯梯尼之外，我再举一例。

作为一个男孩，功夫巨星李小龙是我的人生偶像之一。我小时候经常学着李小龙的样子：双脚踮起来跳来跳去，忽然大拇指一抹鼻子，右脚再闪电般地抬起，一声“我打……”长啸而出，假想中的敌人便应声倒地。在我的心目中，李小龙便是力量与强者的化身！

后来，我才发现李小龙并非天生就很厉害，相反，他是因为儿时体质不好才开始习武的，而且他的身体在很多方面存在缺陷。比如，我们在电影里经常看到李小龙脚尖着地，轻盈地跳来跳去，可谁能想到他竟是扁平足，脚后跟本来就很难着地。还有他那招牌性动作抹鼻子也不是为了耍酷，而是他自小就有鼻炎！再看他那犀利的眼神，竟然出自一双近视 600 多度的眼睛，幸亏他练的咏春拳讲究的是近身格斗。一个有着诸多器官缺陷的人，却将身体机能发挥到了几乎是人类的极限，实在令人不可思议！

心理学家威廉·詹姆斯曾经写道：为了征服磨砺和苦难，人们必须把它们上升为命运的伙伴，而且，既然苦难在我们心中，那么就必须与它相遇，根据自己的目标处理它，而不是每天都躲避它。这与阿德勒的观点一致，通过征服他们的磨砺和苦难，人们会超越自己，抵达其对立面。人们会把弱势变成优势，把恐惧变成勇气，把孤独变成关系，把痛苦变成意义。个体最强大的力量来自他解决问题的过程。而实践证明，行之有效的方法就是把一个人的执念（preoccupation）变成职业（occupation）。

执念源自个体面对世界的最初经验，尤其是所遭遇的挫折，然后它始终萦绕在个体的早期回忆中，促使个体与之周旋、战斗。因此，阿德勒说，无论来访者什么时候来寻求职业指导，他都会询问他们关于生命早期的记忆。他认为，对于童年早期的记忆确凿地展示了来访者一直以来将自己训练成什么样子的人——从千疮百孔到光彩照人，从默默无闻到成为盖世英雄！

许多心理学家声称，阿德勒的理论过于浅显，依赖于对日常生活的常识性观察，但另一些人则认为阿德勒的观点敏锐而富有见地。**当我们阅读阿德勒时，会发现他所描述的既是家常琐碎，又是真知灼见。对于职业选择、两性关系、学校教育和家庭生活，似乎每个人都能插得上嘴、说道几句，但又没有人能像阿德勒那样看得明白、说得透彻。**对于阿德勒理论的广泛性和通俗性，心理学家亨利·艾伦伯格是这样评论的：

> 像阿德勒这样四处被抄袭却从未得到他人致意的人并不多见。他的学说已变成一句法国方言所形

> 容的“公共广场”，任何一个人都可以进入其中并取走任何东西却都不会感到羞愧。某位作者可能害怕而谨慎地表明自己由他处所引用的任何文字。但是，一旦来源是个体心理学，他的做法就绝非如此；情况变得似乎是，阿德勒从来未贡献过任何独创性的东西。

弗洛伊德曾嘲弄阿德勒的理论过于简单，他认为由于精神分析的复杂性，学习精神分析需要花费两年的时间，但是**学习阿德勒的理论只需要几周的时间，“因为没什么东西可以学习”。**[㊀]**而阿德勒认为，这恰恰就是他想要获得的效果。他花费了40年的时间使自己的理论变得简单，更易理解。**

确实，我们不得不承认，阿德勒比弗洛伊德关注的主题更为广泛，同时他又比荣格的神秘主义更为实用。他对生活和人性的看法影响着我们，而且我们理应接受他的影响！

马斯洛在去世前还撰文说：“对我来说，阿尔弗雷德·阿德勒年复一年地变得越来越正确。正如这些事实表明，它们越来越强烈地维护着他这个人的形象。我必须指出，尤

㊀ 阿德勒. 自卑与超越［M］. 吴杰，郭本禹，译. 北京：中国人民大学出版社. 2013：23.

其是在他对整体性的强调这一点上，这个时代仍然没有赶上他。”

在一个世纪之后，相隔了时空，我们仍然能看到阿德勒的身影，这证明他不是一个矮子，而是一个巨人。

郑世彦

心理咨询师，《看电影学心理学》作者

黄光国译本《自卑与超越》责任编辑

Understanding Human Nature

自　序

本书旨在使普通公众熟悉个体心理学的基本原则，同时，也对这些基本原则在个人日常关系处理方面的实际应用做了阐述。这些日常关系既包括人与世界之间的关系，又包括人和他人之间的关系，还包括人与个人生活组织之间的关系。本书以我在维也纳人类研究所进行的为期一年的演讲为基础写成，演讲面向的听众有男有女、有老有少，他们的专业背景也各不相同。本书的目的是指出个体的错误行为会给我们社会生活和公共生活的和谐带来怎样的影响。更进一步，是为了教会个体识别他自身的错误，并最终向他指出，他可以做出怎样的调整，以便适应公共生活。商业和科学中的错误代价高昂、令人遗憾，但生活行为中的错误常常会危及生活本身。本书的任务是照亮人类的理解人性之路，使其更好地在这条路上前进。

阿尔弗雷德·阿德勒

Understanding
Human Nature

前　言

人的命运在于他的精神之中。
——希罗多德

过分的自以为是和骄傲自大也许会使我们无法探究人性科学。相反，一定程度的谦逊才能使我们对这门科学有所了解。人性问题是我们面临的一项艰巨任务，解决这个问题自古以来就是人类文化追求的目标。我们探究这门科学不能仅仅是为了培养一些专家学者，让每个人都理解人性才是这门科学的真正目的。那些认为自己的研究成果专属于某个科学团队的学术研究人员无疑很难接受这种观点。

由于生活孤立，我们对人性知之甚少。以前，人类不可能像今天这样孤立隔离地生活。我们从童年早期开始就与人性少有联系。家庭隔离了我们。我们的整个生活方式约束我们，使我们无法与他人进行必要的亲密接触，而这种接触对致力于认识人性的科学和艺术的发展而言是必不可少的。由于我们与他人之间缺乏足够的接触和联系，于是我们就成了他们的敌人。我们的行为常常被他们误解，我们自己的判断也常常是错误的，这一切都仅仅因为我们对人性不够了解。人们常常提及的一个公认的事实是，人们天天相遇，天天说话，彼此之间却没有任何来往，因为他们都视对方为陌生人，不仅在社会中如此，在家庭这个狭小的圈子中也是如此。我们经常听父母抱怨说他们无法理解自己的孩子，也经常听孩子抱怨说父母误解他们。我们对他人的态度完全取决于我们对他们的理解，因此，我们有必要去理解他们，这是社会关系的基础。如果人类能对人性有更多的了解，他们之间的相处就会变得更加轻松自在。这样，令人苦恼的社会关系就可以避免，因为我们知道，只有在我们互相缺乏理解的情况下，不幸的社会关系才会出现，而一旦出现不幸的社会关系，我们就会面临被表象欺骗的危险。

我们现在的目的是要解释，我们为什么要尝试从医学科学的角度探讨这个问题，我们的目标是在这个庞大的领域为一门严谨的科学奠定基础，并且我们还要确定人性这门科学的前提必须是什么，它必须解决什么问题，以及我们可能会从中得到什么样的结果。

首先，精神病学已经成了一门要求我们对人性有充分认识的科学。精神病医生必须尽可能迅速而准确地洞悉神经症患者的内心。在这一特殊的医学领域，我们只有在非常确定病人内心深处的活动时，才可能有效地做出判断、进行治疗并开出药方。粗浅的认识在这里完全行不通，一旦出错，很快会得到惩罚，而对病症的正确理解则会取得治疗上的成功。换句话说，我们对人性的了解在这里有了有效的检验方法。在日常生活中，对某个人做出错误的判断不一定会造成严重的后果，因为这些后果也许会在犯错很久之后才显现出来，二者之间的联系并不明显。我们常常吃惊地发现，对某人做出的错误评判带来的严重的不幸后果几十年后才会出现。这样的悲惨事例告诉我们，每个人都有必要、有责任掌握关于人性的有效知识。

我们对神经症进行的仔细诊视证明，我们在神经症患者身上发现的心理异常、心理情结、心理失调等从结构上来说与正常人的心理活动并没有什么本质区别，面临的是同样的要素、同样的前提、同样的活动。唯一的区别在于，在神经症患者身上，这些要素、前提和活动表现得更加显著，更容易被识别。这一发现的价值在于，我们可以从变态心理病例中学习，使我们的眼光变得敏锐，从而发现正常的精神生活中的相关活动和性格特征。要做到这一点，所需要的是做任何工作都需要的训练、激情和耐心。

我们的第一个重大发现是：精神生活结构中最重要的决定性因素产生于童年早期。这并不是什么惊人的发现，一直以来所有的伟大学者都有过类似的发现。这一发现的新奇之处在于，它使我们能够把童年经历、童年印记以及童年时期的态度看法（只要是我们能够确定的），与后期心灵生活中出现的各种现象联结在一个不可否认的、前后关联的模式中。这样我们就可以将个体童年早期的经历和态度看法与个体成年后的经历和态度看法进行比较；在这种联系中，我们有了重要的发现，那就是，我们绝对不能把精神生活中的个别事件看作孤立的存在体。我们了解到，除非我们将它们看作不可分割的整体中的部分，否则我们将无法全面理解这些个别事件。我们还了解到，除非我们能确定这些个别事件在整个心理活动脉络中的位置、在整个行为模式中的地位——除非我们能发现个体的整个生活方式，并非常清楚他童年时期的态度看法的隐秘目标与他成年后的态度看法的隐秘目标是一致的，我们才能对这些个别事件做出评估。总之，要非常清楚地证明，个体的心理活动自始至终没有发生过变化。某个心理现象的外在形式、具体情状和口头描述也许会变化，但是它的基本要素、趋向、动态，以及指引精神生活走向其最终目标的一切都保持不变。一个焦虑不安、心中总是充满疑虑和不信任、竭尽所能避世孤立的成年患者，在三四岁的时候就会表现出同样的性格特征和心理活动，虽然在那时由于简单幼稚，常常被人熟视无睹。因此，我们在研究所有患者的时候，都会把更大一部分精力放在患者的童年时期，这已经成了我们的惯常做法。也因此，我们渐渐有了这种能力：

我们经常能够在知晓了一个成年人的童年状况之后，在尚未得知他成年后的性格特征的情况下，说出他成年之后的性格特征来。我们认为，我们在成年的他身上观察到的情况是他童年经历的直接投射。

在听闻了患者童年时期的清晰往事，并且知道如何正确地解读这些旧事之后，我们可以极其准确地重建患者目前的性格模式。在这样做的过程中，我们利用了这个事实：个体很难偏离他童年时期形成的行为模式。几乎没有人能改变自己童年时期的行为模式，虽然他们成年之后的生活境遇跟童年时期已经完全不同。成年后态度上的某些变化并不一定意味着行为模式的改变。精神生活的基础并不会改变；个体在童年和成年时期仍然保持着同样的活动路线，这使我们推断出，他的人生方向也并没有改变。如果我们想改变行为模式，那么还有一个理由决定了我们要把注意力集中在童年时期的经历上。我们改变还是不改变个体成年时期的无数经历和印记，这是无关紧要的，必要的是要发现患者的基本行为模式。一旦理解了这一点，我们就可以了解他的基本性格，并对他的病症做出正确解读。

于是研究患者童年时期的心灵生活就成了这门科学的支撑点，许多研究都把关注焦点放在对人生前几年的研究上。在这个领域中，有许多尚未被触及、尚未被探索过的素材，所以每个人都有可能会发现新的有价值的信息，这些信息将会对人性的研究起到巨大的作用。

与此同时，我们逐渐研究出了一种预防不良性格特征的方法，因为研究本身并不是目的，我们的目的在于造福人类。完全没有想到的是，我们的研究深入到了教育学领域，我们已经在这个领域耕耘了数年。对任何想在这一领域进行探索、希望将自己在人性研究中做出的宝贵发现应用于其中的人而言，教育学都是一个真正的无主宝库。因为教育学知识和人性科学知识一样，不是来源于书本，而是来源于实际生活。

我们必须充分熟悉精神生活的每种表现，融入其中，与人类同甘共苦，就像优秀的画家把从绘画对象身上感受到的性格特征画进肖像中一样。人性科学被认为是一门有许多工具可供使用的艺术，一门与其他艺术密切相关并会对其他艺术起到一定作用的艺术。特别是在文学和诗歌中，它更具有非同寻常的重要性。它的第一目标必须是增加我们对人类的了解，也就是说，它应该确保我们所有人都得到更好的、更成熟的心理发展。

我们面临的其中一个最大的困难是，我们经常发现人们在他们对人性的理解这一点上格外敏感。几乎所有人都认为自己在这门学问中是行家，虽然他们在获得学位过程中并没有对此进行过多少研究，而如果有人要求他们对他们关于人性的知识进行检验，则会有更多的人感觉受到了冒犯。真正想要理解人性的人只是那些通过自己的同理心——他们自身也曾经历过心理危机，或者能够充分看到他人身上的心理危机——体验到了人的价值的人。

由此便产生了如何寻找正确策略和技巧来运用我们掌握的知识的问题，产生了寻找这些策略和技巧的必要性。因为，假如我们就那样粗鲁地把我们在探索个体心灵时发现的事实不加掩饰地摆在他面前，那实在非常可恨，一定会招来批评的目光。我们建议那些不想招人仇恨的人最好在这一点上小心一点。利用并误用自己通过对人性的理解获得的事实，比如想炫耀一下自己的博学，或者想展示一下对坐在自己旁边就餐的人的性格所做的推测，这是让自己臭名昭著的绝佳方式。只引用这门科学中的基本原理，将这些当作终极理论，来教诲那些不曾从整体上对这门科学有所理解的人，也是很危险的。即便那些确实理解这门科学的人都会觉得自己在这样的过程中受到了侮辱。我们必须重申一下我们已经说过的话：人性这门科学迫使我们谦虚。我们不能毫无必要地、仓促地宣布自己的实验结果。这种做法跟小孩急于夸耀自己、急于炫耀自己的能力没有什么区别。如果一个成年人还这样做，则实在不妥。

我们建议了解人类心灵的人先在自己身上做一做实验。他永远不应该把自己在为人类服务中获得的实验结果投射在某个非自愿的牺牲者身上。这种做法只会给这门还在发展中的科学带来新的困难，而且实际上与他的目的背道而驰！如果这样的话，我们就不得不为轻率、热情的年轻探索者犯下的错误承担责任。我们最好谨慎小心，并记住这个事实：在就局部得出结论之前，我们必须先通盘把握整体。而且，只有在确信这些结论对他人有益时，我们才可以发表这些结论。即便是关于性格的正确结论，如果以错误的方式或者在错误的时机发布，也会给他人带来极大的伤害。

现在，在继续我们的种种讨论之前，许多读者肯定已经产生了一些异议。前面说过，个体的生活方式不会发生变化，这一点可能许多人都难以理解，因为个体人生中有太多经历，这些经历会改变对生活的态度。我们必须记住，任何经历可能都会有多种解读。我们会发现，即便是同一个经历，不同的人也会得出不同的结论。这说明了这个事实：我们的经历并不总会使我们变得更聪明。没错，我们能够学会避免一些困难，并学会达观地对待他人，但是我们的行为模式并不会因此改变。我们将在以后的讨论中看到，人总会使自己的各个经历殊途同归。进一步的考察表明，他所有的经历都一定符合他的生活作风，与他的行为模式丝毫不差。众所周知，我们自己决定着我们的经历。每个人都决定着自己以何种方式体验什么。在我们的日常生活中，我们发现，人们从自己的经历中得出他们想要的结论。有些人不停地犯同一个错误。如果你成功地说服他们相信自己错了，他们会有各种各样的反应。他也许会得出结论说，事实上，是时候该避免犯这样的错误了。这种情况很罕见。他更有可能会反对，说这个错误已经积习难改了。或者他会将这个错误怪到自己的父母头上和自己所受的教育头上；他也可能会抱怨，说从来没有人关心过他，或者说自己从小就被宠坏了，或者说自己遭受过残忍虐待等，并找出借口为自己开脱。无论他找出什么样的借口，他其实暴露了一个事实，那就是他希望推卸掉自己的责任。很明显，他在通过这种方式为自己辩解，并使自己逃避一切批评。他自己永远都是无辜的。他之所以完不成他想做的事情，全都是别人的错。这样的人忽略的是，他们自己几乎没有做出任何努力来避免犯错。他们更恨不得一直停留在错误的状态中，然后狂热地因为自己的错误怪罪自己所受的教育。只要他们愿意继续这样下去，这便始终都是一个有效的逃避借口。由于同一种经历可以有许多种解读，并且从任何一种经历中都可以得出不同的结论，所以我们就能够理解为什么一个人不会改变他的行为模式，而是兜兜转转、扭曲自己的经历，直到他与这一经历相称为止。对人类来说，最难的是认识自己和改变自己。

任何人，如果不精通人性科学中的理论和方法，将很难使人类变得更好；他的工作会完全只流于表面，而且他会错误地认为，由于事物的外部状态已经发生了变化，所以自己已经取得了重要成就。实际案例已经告诉我们，这样的方法几乎不会使个体做出什么改变，所有貌似的改变都不过是表面上的变化，只要行为模式本身没有发生改变，那么这一切都毫无意义。

改变一个人并不是一个简单的过程。它需要一定的乐观和耐心，最重要的是要抛弃个人虚荣心，因为要被改变的那个人没有义务做另一个人满足自己虚荣心的客体。而且，我们必须以在被改变之人看来合理、恰当的方式实施这种改变。我们不难理解，有些人会拒绝享用他们原本会喜欢的菜肴，如果这个菜肴没有以他所认为的适当的方式烹调和盛盘的话。

人性科学还有我们可以称为社会性的一面。如果彼此之间能够更了解一些，那么人们毫无疑问会相处得更好，彼此之间会更亲密。在这种情形下，他们不大可能会彼此感到失望、互相欺骗。对社会来说，巨大的危险就存在于这种欺骗的可能性中。我们必须跟正被我们带入这门研究中的同仁讲清这种危险。他们必须能使他们的人性科学实践对象理解在自身起作用的那些未知且未被察觉的力量；为了帮助他们，他们必须认识到人类行为中所有那些隐蔽的、扭曲的、伪装的手段和把戏。为了达到这一目的，我们必须通晓人性科学，并有意识地带着社会目的来实践它。

谁最适合为这门科学收集材料并实践它呢？我们已经指出，单从理论上来实践这门科学是不可能的，只是知道所有的规则和信息是不够的。我们有必要将我们的研究付诸实践，并使二者建立联系，这样，我们的眼光才会变得比以前更敏锐、更深邃。这是人性科学理论研究的真正目的。但是，只有走出理论，进入生活本身，检验并运用我们获得的理论，才能使这门科学具有生命。我们之所以没有把握，有一个重要原因，那就是在接受教育的过程中，我们获得的人性知识太少，而且我们所学到的东西很多都是错误的，因为现代教育尚不适合给我们提供关于人类心灵的正确知识。每个孩子都完全靠自己去评估自己的经历，靠自己在课堂之外发展自己。我们没有获得人类心灵方面传承的真正知识。人性科学在今天的处境就跟化学在炼金术时代的处境一样。

我们发现，那些还没被复杂混乱的教育体制从社会关系中撕裂开来的人最适合从事人性研究。我们所指的那些人，归根结底，要么是乐观主义者，要么是还不曾对自己的悲观主义屈服的战斗着的悲观主义者。但是，只与人接触还不够，还必须得有经验。在当今这方面教育不足的情况下，只有一类人能真正理解人性。他们或者是“悔悟的罪人”，或者是那些曾经被卷入精神生活旋涡、陷在其中的各种错误中，却最终实现了自救的人，抑或是那些曾靠近过精神生活的旋涡，感受到了这些旋涡急流给他们带来的影响的人。还有一些人天生可以掌握人性知识，尤其是如果他们有认同天赋、有同理心的话。最了解人类心灵的是那些自己曾经历过强烈感情的人。跟各大宗教形成时的时代一样，在当今这个时代，“悔悟的罪人”似乎是很有价值的一类人。他们比许多正派人站得高得多。为什么会这样呢？他们曾越过人生的重重困难，曾从生活的泥潭中挣脱出来，曾有能力从糟糕的经历中获益，并因为这些经历而使自己获得升华，这些人理解人性中好的一面，也理解其中坏的一面。在这方面，没有人能跟他们比，正派人肯定也不行。

当我们发现某个个体的行为模式无法使他过上幸福的生活时，我们的人性知识会使我们产生一种义不容辞的责任感，要帮助他重新调整他那错误的、使他徘徊不前的人生观。我们必须给他更好的人生观，适合社会的人生观，这种人生观才更能使他在人生中获得幸福。我们必须给他一套新的思想体系，向他指出另一种行为模式，在这种行为模式下，社会感和公共意识扮演着更重要的角色。我们的目的并不是要为他的精神生活建造一个理想化的结构。对于迷惘的人来说，一种新的人生观本身就很重要，因为从这种人生观看过去，他会明白自己在什么地方进入了歧途、铸下了错误。在我们看来，严格的决定论者离错误只有一步之遥，因为他们把人类活动看成了因果序列。只要自我认识和自我批评仍然存在，并仍然是生活的主题，那么因果律就会变成完全不同的因果律，经验的结果就会获得全新的价值。如果一个人能确定自己的行动源泉和心灵动态，那么他认识自我的能力就会提高。一旦他明白了这一点，他就成了一个不同的人，就不会再逃避这种认识带来的不可避免的后果。

第一部分 人的行为

Understanding Human Nature

Understanding
Human Nature

第 1 章

精　神

人的精神生活取决于他的目标。

精神生活的概念与前提

我们认为，只有运动着的、活着的机体才有精神。精神与自由运动之间的关系是固有的。那些牢牢扎根于大地中的机体没必要具有精神。如果深深扎根于地中的植物有情感和思想，那将是多么不可思议的事儿！我们怎么能认为植物能接受那无可逃避的痛苦，认为植物能预感到那无从逃避的痛苦呢？又怎么能在认为植物绝对不可能运用意志的同时，认为植物拥有理性和自由意志呢？在那样的情形下，植物的意志和理性必然不能产生结果。

运动和精神生活之间存在着明确的因果关系，植物和动物之间的区别由此而来。因此，在精神生活的发展中，我们必须考虑与运动相关的一切。与位置变化相关的一切困难都要求精神有预见能力、能积累经验、能发展记忆，这样机体才能更适于生存。从一开始我们就可以断言，精神生活的发展与运动相关，精神所获得的一切发展和进步都以机体的自由运动能力为前提条件。这种运动能力刺激和提高着精神生活的强度，并要求它始终具有更高的强度。想象一下这样一个个体，如果我们能预判出他的一切运动，那么我们就可以认为他的精神生活已经停滞。“自由方能造就巨人，强制只会扼杀和毁灭他们。”

精神器官的功能

如果我们从上述观点出发来看待精神器官的功能，我们会意识到，我们着眼的是生物的遗传性能，有生命的机体正是利用这个可攻可守的器官根据自己所处的情势做出反应。精神生活是一种既积极进攻又寻求安全的综合活动，它的最终目的是保证人类这种生物在地球上的持续存在，并使人类能够安全地获得发展。只有承认了这个前提，进一步的考虑才会产生，这些考虑对我们真正理解精神而言是非常必要的。与世隔绝的精神生活是无法想象的。我们认为精神生活与它的环境必然紧密相连，它接受外部的刺激，并以某种形式对这种刺激做出回应，它去除掉那些不适于保护机体抵御外界侵害的能力和力量，或者以某种方式使机体与这些力量紧紧相依，从而保证机体的存活。

精神生活与外部环境之间存在许多种联系。这些联系与机体本身有关，与人类的特点、身体特性及其优缺点有关。这些都完全是相对的概念，因为某种力量或者某个器官是优是劣都只是相对而言。它们的价值只能根据个体所处的情势来确定。众所周知，从某种意义上来讲，人的脚其实是退化的手。对需要攀爬的动物而言，这样的脚绝对是个缺点，但是对必须在平地上行走的人来说，它却极有好处，以至于没有人会愿意要一个“正常”的手而不要一个“退化”的脚。

事实上，在个人生活中，正如在所有人的生活中那样，自卑不应被视为一切罪恶之源。只有情势才能决定它对人到底是有利还是不利。宇宙中有白天、黑夜，有太阳的普照，有原子的运动，也有人类的精神生活，当我们想到这其中的联系是多么繁多时，我们会意识到所有这些对我们精神生活的影响是多么巨大。

精神生活的目的性（目的论）

在精神动向中，我们首先可以发现的是这些运动都指向一个目标。因此，我们不能将人的精神看作一个静止的整体。我们只能将它看作各种运动着的力量组成的综合体。然而，这些运动着的力量是一组原因带来的结果，共同为了实现某一个目标而努力。这种目的性，这种为了一个目标而努力的特性，是“适应”这个概念中固有的。我们只能认为精神生活是有目标的，精神生活中的所有运动都是指向这个目标的。

个体的精神生活取决于他的目标。如果这些活动没有一个始终存在的目标来决定、延续、调整并为之指示方向，那么人类就不会有思考、感受、意志和梦想。之所以会这样，是因为机体本身需要适应环境并对环境做出反应。人类生命中的这些身体和精神现象建立在我们已经证明过的那些基本原理的基础上。假如没有一个始终存在的目标进行规范——这个目标本身由生活动态决定，精神演化就是无法想象的。对于这个目标本身，我们可以认为它是运动着的，也可以认为它是静止的。

在这个基础上，精神生活中的所有现象也许都可以被认为是对未来某些情境所做的准备。在精神中，除了朝向某个目标的力量之外，我们几乎不可能发现其他东西。个体心理学认为人类精神的所有表现都是朝向一个目标的。

> **如果一个人有一个始终存在的目标，那么每一种心理倾向都一定程度上不可抗拒地追随这个目标。**

在理解了个体的目标，并且对世界也有所理解之后，我们还必须理解个体生命中的运动和表现到底意味着什么，理解它们在实现目标和做准备过程中的价值。我们还必须知道，要实现自己的目标，个体必须采取什么类型的运动，正如我们知道的，如果扔出一块石头的话，这块石头落地前必然要走什么样的路线。当然，精神并不遵循什么自然法则，因为那个始终存在的目标始终在变化中。然而，如果一个人有一个始终存在的目标，那么他的每一种心理倾向都一定程度上不可抗拒地追随这个目标，就好像受制于某个自然法则一样。制约精神生活的法则无疑是存在的，但是这是一条人为的法则。如果有人觉得有充分的证据可以证明精神法则的存在，那么他是被表象给欺骗了，因为当他认为他已经证明了环境的不可改变性和决定性时，他已经暗中做了手脚。如果一个画家想画一幅画，人们就会把眼前有这一目标的人的所有相关情状都加在他身上。他会做出所有必要的动作，这些动作最后带来某个必然的结果，就好像有某种自然法则在起作用一样。但是他真的有必要画这幅画吗？

自然中的各种运动和人类精神生活中的运动之间是有区别的。与自由意志相关的所有问题都取决于精神生活中的运动法则。现今人们认为，人类的意志不是自由的。没错，一旦意志纠缠于或受制于某个目标，它就受到了约束。而且由于这个目标很多时候都受制于宇宙、动物以及人与人之间的社会关系，所以也就难怪精神生活常常看起来好像受制于一些不可改变的法则一样。但是，举个例子来说，如果一个人否认他与社会之间的关系并对抗这些关系，或者拒绝适应生活中的种种现实，那么所有这些所谓的法则都会被抛弃，而由新目标决定的新法则则会开始起作用。同样地，当个体对生活感到困惑并有意断绝对同类的所有感情时，社会生活的法则就约束不了他。我们由此可以断言，只有在确立适当的目标之后，精神生活中的运动才必然会产生。

另外，我们完全可能从个体当前的种种活动中推断出他的目标。这种做法更为重要，因为很少有人确切地知道自己的目标是什么。在实际操作中，要想获得关于人的知识，这是我们必须要采取的步骤。但由于运动也许含有多层含义，所以这件事并不总是那么简单。然而，我们可以抽取个体的许多运动出来，加以比较，然后再用图表将它们表示出来；我们把标示精神生活明确态度的两个点连起来，不同时间点上态度的不同就被一条曲线记录了下来，由此我们可以对个体有所了解。我们运用这种方法是为了从整体上把握个体的全部生活。下面我们举个例子，来看看我们可以怎样从一个成年人身上所有令人惊讶的相似性中，重新发现他的童年模式。

有个30岁的男士在极度抑郁的情况下去看精神病医生。他特别积极进取，克服了成长过程中的种种困难，取得了成功和荣誉。他对医生说他不想工作，不想活下去。他解释说他正准备订婚，但是对未来极其缺乏信心。他被强烈的嫉妒心折磨着，他的婚约面临着危机，有可能会解除。他提出了一些事实来证明自己的观点，但这些事实没有说服力。因为那位年轻女士并没有什么可指摘的地方，所以他对她表现出来的明显的不信任反而说明问题出在他自己身上。这样的男士很多，他们接近他人，深受对方吸引，但是立刻对对方采取攻击态势，而这种做法恰恰破坏了他们想要建立的关系。

现在我们照上面提到过的方法来绘制一下这位男士的生活方式表。我们从他的生活中抽取出一个事件，然后试着将其与他目前的态度联系起来。根据我们的经验，我们通常会要求对方给出最早的童年记忆，虽然我们知道我们并非总能对这条记忆的价值进行客观检验。他最早的童年记忆是这样的：他跟他母亲和他的弟弟一块儿在一个市场上。因为市场拥挤混乱，所以他母亲把身为哥哥的他抱了起来。当注意到抱错之后，她把他放下，又抱起了弟弟。我们的这位患者就在人群中被挤来挤去，惶然无措。当时他四岁。在回忆这件事情的时候，我们听到了他在诉说自己的现状时一样的调子。他不确定自己是不是被宠爱的那个，但是一想到别人可能才是受宠的那个，他就无法忍受。在向他指出了这种联系之后，这位患者大为震惊，立刻看到了两者之间的关联。

每个人的行为都指向特定的目标，这个目标是由环境给孩子带来的影响和印记决定的。理想状态下，这个目标可能在孩子人生最初期的那几个月里就形成了。甚至在这个时候，某些感觉就起着一定的作用，它们或者给孩子带来快乐，或者给孩子带来不适的感觉。在这个时期，虽然人生观是以极原始的方式表现出来的，但已经开始初露端倪。影响精神生活的基本要素在个体婴儿时期就已经成形。在这个基础上，上层建筑形成了，这个上层建筑也许会被调整，会受到影响，会发生一些变化。各种各样的影响很快会驱使这个孩子形成明确的人生态度，并决定他对生活中出现的问题做出特定的反应。

有些研究者认为成年人的性格特征在婴儿时期就很明显，这种说法并没有错，这也说明了人们为什么认为性格具有遗传性，但是认为个体的性格遗传自父母，这个观点有百害而无一利，因为它妨害了教育工作者的工作，挫伤了他们的信心。认为性格是遗传来的，真正的原因不在这里。这个借口使肩负教育职责的人轻松、简单地把学生的失败怪到遗传身上，从而逃避自己的责任。这无疑与教育的目的背道而驰。

我们的文明对目标的确定做出了重要贡献。它圈定了界限，孩子在这个界限里面不断尝试，直到最后找到一条能实现自己愿望的途径，一条既能保证安全又能适应生活的途径。也许在孩子人生早期的时候我们就可以知道，与我们的文化现状相对应，孩子需要多大的安全感。我们所说的安全不仅指相对危险而言的安全，而且指的是进一步的安全系数，能保证人类在最佳环境中持续存活的安全系数。这个安全系数跟我们在操作精密机器时所说的“安全系数”差不多。孩子通过要求得到“额外”的安全要素获得这种安全系数，这种额外的安全要素不仅仅是满足既定本能所必需的安全，也不仅仅是平静发展所必需的安全。于是，孩子的精神生活中又出现了一种新的运动。这种新的运动很明显是一种支配他人、胜过他人的倾向。跟成年人一样，儿童也想将自己的所有对手远远抛在后面。他竭力想获得一种优越感，这种优越感将使他得到安全感和适应力，而这些正跟他以前为自己设定的目标一致。于是，他的精神生活中开始涌现出某种不安，这种不安随着时光流逝日益强烈。假设当前社会需要个体具有更强的反应能力，在这个危急时刻，如果孩子不相信自己有克服困难的能力，那么我们会发现他会竭力逃避，并编造种种借口，而这一切只会使隐藏在深处的对荣耀的渴望更加明显。

在这种情况下，他当前的目标往往就变成了逃避所有困难。这种人畏惧困难或者竭力逃避苦难，以暂时地逃避生活对他提出的要求。我们必须明白，人类精神做出的反应并不是最终的或绝对的：每一种反应都不过是一种部分反应，只暂时地有效，而不应被视作对某个问题的最终解决方案。特别是在儿童精神的发展过程中，我们要记住，我们面对的仅仅是目标的暂时状态。我们不能用衡量成年人精神的标准来衡量小孩的精神。在面对孩童时，我们必须把目光放长远，并探究在他的生活中，他的精力和活动所指向的目标会最终引领他走向何方。如果我们能进入他的心灵，我们就能明白，他所有的精力投放方向都适合他心中的理想。这个理想是他为自己创设出来的，是具体化的他对生活的最终适应状态。如果我们想知道孩子为什么会有某种表现，我们就必须站在他的视角来看，用与他的观点相联系的情感基调，以多种方式引导他。其中一种是乐观，在这种情感基调中，孩子自信能轻易解决自己遇到的一切问题。在这种状态下，他会成长为具备这样性格特征的人：认为人生任务尽在自己掌握之中。在这种情况中，我们会看到勇气、达观、坦诚、责任、勤勉等类似品质的形成和发展。与此相反的就是悲观主义的形成和发展。想象一下，一个不相信自己有能力解决自己问题的孩子，他的目标会是什么样的！对这样的孩子来说，世界将是一片灰暗！我们会在他身上看到怯懦、内省、不信任以及所有那些弱者保护自己时所表现出来的性格特征。他的目标将被设在自己的能力范围之外，同时又和现实人生不沾边。

第 2 章

精神生活的社会层面

每一个自发的行为都始于一种欠缺感，其结果都走向一种满足、安静和完满的状态。

为了了解一个人的所思所想，我们得考察他与他人之间的关系。人与人之间的关系一方面由宇宙的本质决定，因而变化莫测。另一方面，它又受制于一些固定的制度或习俗，如社会或国家中的政治传统等。如果不同时对这些社会关系有所了解，我们就不能理解人的精神活动。

绝对真理

人的精神不可能随心所欲自由行动，不断出现的需要解决的问题决定了它的活动范围。这些问题与人的社会生活体系密切相关。社会生活的基本状态影响着个体，但它本身很少受到个体的影响，即使有影响也只是一定程度上的。然而，社会生活的现存状况也并非不可更改，而是有许多种状态，而且会发生变化和转变。我们无法完全深入到精神生活问题的幽秘之处，无法透彻理解它，因为我们身处我们自身的种种关系织就的罗网中。

要摆脱这种困境，唯一的方法是承认我们的群体生活的合理性，因为它在这个星球上的存在就像是一条终极绝对真理，而我们在克服了由于不健全的组织和人类自身的有限能力而产生的错误之后，会一步一步地认清这条真理。

社会的物质层面是我们要考虑的一个重要层面，马克思和恩格斯曾对此做过描述。根据他们的学说，经济基础（即人生活于其中的技术形态）决定着理想的、合乎逻辑的上层建筑（即个体的思维和行为）。我们的“人类公共生活的合理性”“绝对真理”等观念在某种程度上与这些观点契合。然而，历史以及我们对个体生活的洞察（即个体心理学）却教会我们，个体有时候会权宜之下应某种经济状况的要求做出错误的反应。在努力逃避这种经济状况的过程中，个体也许会陷入自身的错误反应织就的罗网中无法脱身。我们在追求绝对真理的路上会遇到无数个这样的错误。

对公共生活的需要

公共生活法则其实跟气候法则一样不言自明。气候法则迫使人们采取一定的措施抵御寒冷，比如修建房屋等。而迫使人类群居和公共生活的力量存在于制度中，对这些制度的形式我们无须完全理解。如果说我们的生活状况首先要受到宇宙影响的话，那么它进一步还会受到人类社会生活的影响，以及公共生活中自然产生的法则和规则的影响。公共需求决定着人与人之间的一切关系。人的公共生活高于人的个体生活。在人类文明历史上，迄今还没有哪一种生活形式不是建立在公共生活的基础之上的。没有人曾离开人类公共生活单独存在过，这一点很容易解释。整个动物世界都体现着一条基本法则：物种中的个体如果没有能力保护自己，它们就会通过群居生活获得新的力量。

群居本能帮助人类实现这一点：人类演化发展出来对抗严酷的环境的最显著工具是思想和精神，而思想和精神中充斥着公共生活的必要性。达尔文很早就注意到了这个事实：弱小的动物都是群居。因为人类不够强大，不足以独立生存，所以我们不得不将人类也归于弱小动物之列。人类在面对自然时，抵抗能力极为有限，必须借助许多人造的机器为自己弱小的身体提供辅助，从而保证在这个星球上的存活。想象一下一个孤零零的人，没有任何文明工具，身处原始森林中的情景吧！他会比其他任何生物体都更力不从心。他没有其他动物的速度和力量，没有食肉动物的尖牙利齿，没有灵敏的听觉，也没有敏锐的视觉，而这都是生存斗争中必不可少的。他需要许多的工具来保证自己的存活。他的给养物、独特特质以及他的生活方式都要求他有一套严密的保护机制。

现在我们明白了，只有将自己置身于特别有利的条件下时，人才有继续生存的可能。这些有利条件一直由公共生活提供，公共生活于是就成了必需，因为通过社会和劳动分工（在社会和劳动分工中，每个个体都服从于集体），人类物种得以继续存活。单是劳动分工（从本质上来讲，意味着文明）就足以给人类提供进攻和防御的工具，人类拥有的一切都仰仗这些工具。只有在学会劳动分工之后，人类才知道了如何显示自己的威力。想象一下生孩子的艰难和孩子出生后要养活他所必需的种种关照吧！这种关怀和照料只有在存在劳动分工的情况下才可能实现。想想人类（尤其是婴儿时期）要面临的种种疾病，你就会对人类生活中所需要的诸多照料有所了解，对社会生活的必要性有所领悟了！社会是人类继续存活的最佳保障！

安全感与适应性

综上所述，我们得出以下结论：从自然的观点来看，人是一种低等生物。自卑感和不安全感时常出现在人的意识之中，并时常刺激人去发现一种更好的方法和手段以使自己适应自然。这一刺激迫使人寻求一个能将生活的不利状况排除掉或减到最小的环境。这时就出现了需要获得适应性和安全感的精神器官。通过增加身体结构本身的防御武器（如坚角、利爪或利齿），很难使人脱离原始的半人半兽状态，变成一种新的生物（半人半兽将在与自然的战斗中停滞不前）。只有精神器官能迅速救急，并补偿人机体上的缺陷。对于自身缺陷的意识激励人逐渐获得预见与防患于未然的能力，并使人的精神演化成现在这样一种有思维、有感觉和会行动的器官。既然社会在发展的过程中起着根本的作用，那么精神器官从一开始就必须能适应社会生活的条件。精神器官的所有能力都是在符合社会生活逻辑的基础上发展起来的。

按逻辑推理（它具有对普遍适用性的内在需要），我们无疑会发现人类精神发展的下一个阶段。只有普遍适用的才是符合逻辑的。社会生活的一个重要工具是清晰流畅的语言。这一奇迹使人区别于其他动物。语言的形式清楚地表明了它起源于社会，它同样无法脱离普遍适用性。语言对于离群索居的生物体是绝对没有必要的。只有在社会里语言才被证明是合理的。语言是社会生活的产物，是社会个体之间的联系纽带。这种说法的正确性可以在一些个体身上得到证明。这些个体生活在很难或根本不可能与他人接触的环境中，他们中的一些人经常由于个人原因而逃避与社会的所有联系，另一些人则是环境的受害者。在每一种情形中，他们都受害于语言交流的缺陷或障碍，并永远不会获得学习外语的能力。只有当人与人之间的交流不受阻碍时，语言的这种纽带作用才能形成和持续下去。

语言在人类精神发展中有着极其重要的价值。逻辑思维只有在具备语言的前提下才成为可能，同时使我们有了建立概念并且理解价值的差异性的可能。概念的形成并非个人之事，它关系到整个社会。只有在普遍适用的前提下，我们的思想和情感才成为可能。我们对于美的欣赏建立在对美的认知、理解和感受的普遍适用性上，因而思想和概念，就像理性、知性、逻辑和审美一样，起源于人类社会的生活，同时它们又是个体之间的联系纽带，其目的是避免对文明的毁弃。

欲望和愿望同样可以被理解为作为个体的人的境遇的一个方面。愿望只不过是服务于欠缺感的一种倾向，是获得令人满足的适应感的一种手段。“愿望”意味着感觉到这种倾向，并且加入这种倾向的运动中去。每一个自发的行为都始于一种欠缺感，其结果都走向一种满足、安静和完满的状态。

社会感

现在我们也许明白了，确保人类生存的所有规则，都必须受制于社会的概念并合乎社会生活规范。我们已经考察了这个观点，并且发现适应社会是精神器官最重要的功能，无论在个体和社会中都是如此。我们所谓的公正和正直，以及我们认为人的性格中最有价值的东西，本质上都是对人类社会要求中产生的条件的实现。这些条件使精神具体化，并指导着它的活动：责任感、忠诚、坦率、对真理的热爱等美德只有通过社会生活的普遍适用性原则才能形成并保留下去。我们只能从社会的观点出发去判断性格的好坏。人的性格与科学、政治和艺术所取得的任何成就一样，只有在证明了其具有普遍价值之后才值得引人注意。一般来说，我们对个体的衡量取决于他对于大多数人有什么样的价值。我们总是把某个人与一个理想的人做比较，这个理想的人能以一种基本上对社会有用的方式，克服他面临的重重困难，是一个将社会感觉发展到某种高度的人。根据福特缪勒（Furtmüller）的表述，他是一个“根据社会法则享受人生的人”。在我们以后的阐述中，这一点将越来越明显，即如果不培养一种深刻的与他人的伙伴关系，不训练作为社会成员应该具有的技能，就不会成长为健全的人。

如果父母没有对孩子适度地表露出该有的温情，那么孩子将不能识别爱，也无法恰当地运用爱，因为他的温情本能没有得到发展。

第3章

儿童和社会

孩子对生活的热爱总是指向他人，这种社会感会伴随人终生。

社会要求我们承担一定的责任，这些责任不但影响着我们的生活标准和生活方式，而且影响着我们的心智发展。社会建立在有机物的基础上。个体与社会的切合点也许存在于人的两性倾向中。生活冲动的满足、安全感的获得以及幸福的保证并不存在于孤立的男女之间，而存在于夫妻共同生活的社会中。对儿童的缓慢发展过程加以观察，我们也许就会确定，如果没有社会的保护，人类的生命就无法进化。生活中的种种责任本身使劳动分工成为必需，这种分工不仅没有使人与人隔离，反而强化了他们之间的联系。

每个人都必须帮助他人。每个人都必须觉得自己与其他人密切相连。人与人之间不可或缺的关系就这样产生了。现在我们必须更详细地讨论婴儿在出生后即面临的一些这种关系。

婴儿的处境

每个孩子，虽然都依赖着社会的帮助，但仍会发现自己面对的是这样一个世界：它既索取又给予，既期待你去适应，又会满足你的生活需求。他的本能在得到满足的同时，又会因为遇到障碍而困惑，不可逾越的障碍会给他带来痛苦。他很小就意识到，有些人可以更彻底地满足自身的迫切要求，并对生活有更充足的准备。我们可以说，他的精神就在童年的这种处境中形成，这些处境要求他有一个综合器官，这个器官的功能就是使正常的生活成为可能。为了实现这个目标，精神会评估每一种处境，并指引机体走向另一种处境，最大限度地满足他的本能，并将可能的摩擦降到最低限度。就这样，他开始高估使人打开门的体型和身高的作用，或者高估挪动重物的能力，或者高估别人拥有的那种发号施令、要求他人听命于自己的权力。于是他产生了一种愿望，要长大，要变得跟别人一样强，甚至强过其他所有人。控制他周围的那些人成了他生活中的主要目标，因为他身边的那些长者，虽然看起来很小瞧他的样子，却因为他的柔弱而不得不听从于他。于是两种行为可能摆在了他面前：一种是继续使用他意识到的、成年人使用的活动和方法；另一种是继续展示自己的柔弱，让那些成年人觉得义无反顾必须帮助他。我们会不断地在儿童身上看到这两种行为倾向。

一个人的性格在其人生早期就开始形成了。一些孩子的发展方向是获得权力、无畏地面对一切，而这最终使他们获得赏识和认可，还有一些孩子则好像在拿自身的柔弱做投机，努力以各种方式将这种柔弱展现出来。我们只要回想一下某个孩子的态度、表情和举止，就可以发现他到底属于哪一种类型。只有在我们理解了每种性格类型与环境的关系之后，每种类型才具备一定的意义。在任何一个孩子的行为中通常都可以看到对环境做出的反应。

孩子的可塑性存在于他努力弥补自己缺点的过程中。无数天赋和发展潜质都在这种不足感的刺激下产生。现今每个孩子面临的状况截然不同。在某种情况下，我们讨论的是孩子面临的敌意环境，这让孩子觉得整个世界都是他的敌人。孩子思维过程中视角的不完整是他产生这种看法的原因。如果他所受的教育不能阻挡这一错误看法，那么这个孩子的心理会沿此方向发展，在后来的人生中始终表现得好像整个世界都与他为敌。在以后的人生中，只要他遇到更大的困难，他的这种敌意看法就会加强。这种情况常常出现在有身体缺陷的孩子身上。这样的孩子对环境表现出来的态度跟那些身体相对正常的孩子表现出来的态度完全不同。身体缺陷可能表现为运动障碍、某个器官不健全，或者整个机体抵抗力差，从而经常生病等。

难以正视世界并不一定是孩子机体上的缺陷引起的。荒谬的环境对孩子提出的不合理要求（或者对孩子提出这些要求时采用的不恰当的方式）跟环境中存在的切实困难对孩子有同样的影响。一个渴望适应环境的孩子突然发现有困难横在自己面前，尤其是如果他本身就生活在一个缺乏勇气、弥漫着悲观主义的环境中，那么这种悲观会很快感染到这个孩子身上。

困难带来的影响

由于孩子面临着来自四面八方的障碍，也就难怪他的反应并不总是恰当的。他只有很短的时间来培养自己的精神习惯，同时他发现自己必须适应不可改变的现实条件，然而此时他的适应技能却尚未成熟。每当我们觉得自己对环境做出了错误反应时，我们都会发现自己像做实验一样，在对精神中的相应部分不断做出新的尝试，以便做出正确反应，并在人生中取得进步。我们尤其会在儿童的行为模式表现中看到青少年在成熟过程中、在某种确定的情景下做出的那种反应。他的反应态度使我们能够洞察他的精神。与此同时，我们必须承认，个体的反应就像社会的反应一样，是不能根据某种模式进行评判的。

孩子在心理发展过程中遇到的障碍通常会阻碍或扭曲他的社会感。这些障碍有的可能来自他物质环境中的缺憾，比如经济、社会、种族或家庭境况的不利因素；有的可能来自他身体器官上的缺陷。我们的文明建立在器官健全且充分发育的基础上。因此，如果孩子的重要器官存在缺陷，那么他在解决生活中的问题时就会处于不利地位。学走路较迟的儿童、有某种行动困难的孩子、那些语迟的孩子，或者那些大脑发育比一般儿童慢一些，因而很长一段时间内表现笨拙的孩子，都属于这一类。我们都知道，这些孩子时常跌跌撞撞，笨拙而迟缓，而且身体和精神上常常承受着痛苦。这个世界很明显对他们缺乏温情，他们与之格格不入。像这样因为发育不健全而导致的困难有很多。当然，也始终存在这种可能：随着时光流逝，如果儿童精神需求中产生的痛楚并没有同时使这个孩子产生绝望，那么他会自动得到补偿，不会留下任何伤疤，但如果精神需求中的辛酸使他产生了绝望态度——

他在后来的人生中才会感受到，那么再加上经济上的无助，事情就会复杂化。对人类社会中的既定规则，有缺陷的儿童难以理解，这是很容易理解的事。他们会用怀疑而不信任的眼光看待身边出现的机会，并且往往会封闭自己，逃避自己的职责。他们对生活中的敌意尤其敏感，并且会不自觉地夸大这种敌意。他们更感兴趣的是生活中痛苦的一面，而不是其中光明的一面。多数情况下，他们会对这两面都估计过高，所以他们的人生态度总是很纠结。他们要求别人对自己特别关注，自然，他们更多考虑的是自己而不是别人。他们将人生中的必要责任和义务看作困难而不是激励。由于他们对其他人充满敌意，所以他们与环境之间的鸿沟不断加宽。现在他们对待每一次经历都谨慎得有点夸张，所以每一次的接触都使他们离事实和真相越来越远，随之而来的是不断地给自己带来新的困难。

> **如果父母没有对孩子适度地表露出该有的温情，那么孩子将不能识别爱，也无法恰当地运用爱，因为他的温情本能没有得到发展。**

如果父母没有对孩子适度地表露出该有的温情，那么类似的障碍就会出现。只要出现这种情况，孩子就会相应地出现发展方面的严重后果。孩子的态度会固化，以至于他不能识别爱，也无法恰当地运用爱，因为他的温情本能没有得到发展。在温情从来没有得到过适度发展的家庭中长大的孩子很难表现出任何形式的温情。他对人生的整体态度将是逃避式的，逃避所有的爱和温情。如果漫不经心的父母、教育者或者其他成年人将一些有害的教诲加给孩子，让孩子觉得爱和温情是不正常的、荒唐的或者缺乏男子气概的，也可能会产生同样的效果。我们经常可以看到有人教导孩子，说温情是荒谬可笑的，那些经常被嘲弄的孩子尤其会遇到这种情况。这样的孩子深恐流露出情感，因为他们觉得对别人表现出爱这种倾向是可笑的、是没有男子汉气概的。他们抵制正常的温情，好像它会奴役他们或者使他们丢脸。于是，爱的边界早在他们童年早期就已经设定好了。在这种抑制和克制所有温情的野蛮教育下，孩子会从周围的环境中退缩，并逐渐丧失与环境之间的联系，而这种联系、接触对他的精神而言是极其重要的。有时候环境中的某个人给他提供了和谐相处的机会，这时这个孩子就会与这个人建立极其深厚的关系。这就是为什么有些人在成长过程中，他的社会关系只指向某一个人，他的社会趋向永远不会扩大，不能再包容更多人。我们前面提到过的那个男孩就是这方面的一个例子。当他注意到他的母亲只对他的弟弟温柔有加时，他感到自己被忽视了。也因此，在以后的人生中，他四处彷徨，努力想找到他在童年时期缺失的温暖和关爱。他的案例表明了这类人在人生中可能会遇到的障碍。不言而喻，这类人所接受的是压制型教育。

伴随太多温情的教育跟缺乏温情的教育一样有害。娇惯出来的孩子跟嫌恶之下的孩子一样，都会遭遇重重困难。在这种教育中，孩子会渴望温情，这种渴望超出了一切界限，结果是，备受宠爱的孩子依恋某个人或某几个人，不肯同其分离。温情的价值在各种被误解的经历中越发突出，以至于孩子得出结论，他的爱可以迫使成年人为他承担某些责任。这很容易实现，孩子对父母说："因为我爱你，所以你必须这样或那样做。"这种社会教条经常在家庭这个圈子内滋生。孩子一旦在他人身上看到这种倾向，就会表现出更多温情，从而使别人更依从他。我们一定得对家庭中的某个特定成员温情特别泛滥这种情况多加小心。毫无疑问，这样的教育会给孩子的未来带来危害。他以后会通过正当或不正当的手段努力获得他人的温情。为了实现这一目标，他会不惜动用能用的一切手段；他也许会试图压制自己的对手、兄弟或姐妹，或者不惜编造关于他们的流言。这样的孩子会引诱他的兄弟做出极端之事，从而使自己显得光辉正直，借此得到父母的爱。他会对父母施加一定的社会压力，从而使父母的注意力集中在他自己身上。为了实现这个目的，他会不遗余力，直至自己成为众人瞩目的对象、显得比任何人都重要。他可能会懒惰，也可能会乖戾，唯一的目的就是让他的父母更多地为他忙碌；他也可能是个模范儿童，因为他认为他人的关注是对他的一种奖赏。

在对种种心理机制进行了讨论之后，我们也许可以得出结论：一旦心理活动的模式固定了，那么一切都可能成为达成目的的一种手段。为了实现自己的目标，孩子可能会往邪恶的方向发展，或者也可能会成为一个模范儿童，但心怀的是同一个目的。我们经常可以看到，有些孩子通过肆意妄为寻求关注，而有些伶俐的孩子则靠美德实现同样的目标。

我们可以把备受宠爱的孩子归入这一类：他们人生路途中的一切障碍都已经被扫除，他们的能力以这样一种友好的方式被贬低，他们从来没有机会直面自己的责任。这样的孩子被剥夺了为未来生活做好准备的一切机会，而这种准备对未来生活而言是必需的。他们没有做好与愿意跟他们交往的人进行接触的准备，当然更没有能力与其他人——那些由于自身童年时期经历的困境和错误而总是为人际交往设置障碍的人——进行接触。这样的孩子对生活完全没有准备，因为他们从来没有机会练习如何克服障碍。一旦迈出家庭这个像温室一样的小小王国之外，他们几乎必然会遭遇挫败，因为他们不可能再找到像对他们宠爱有加的父母那样愿意为他们承担责任和义务的人，即便有，也绝对达不到他们习惯的那种程度。

这种种现象都有一个共同点：或多或少都会造成这个孩子的孤立。肠胃有毛病的孩子会对营养有特殊看法，并因此经历与在这方面正常的孩子完全不同的发展过程。有身体缺陷的孩子会有独特的生活方式，这种生活方式也许最终会使他们陷入孤立。还有一些孩子不太清楚自己与环境之间的关系，并试图回避环境。他们找不到密友，玩的游戏也跟他人玩的不一样。他们要么嫉妒自己的同龄人，要么不屑与他们玩耍，而把自己关在屋里自己玩儿。那些在严格的教育带来的压力下长大的孩子同样有陷入孤立的危险。生活在他们看来并不是充满光明，因为他们生活的各个方面都给他们留下了不好的印象。他们要么会觉得自己必须容忍一切困难，谦卑地承受所有痛苦，要么会觉得自己是战士，随时准备着要与在他们看来总是充满敌意的环境对抗。这样的孩子感觉生活及生活中的职责太难以应对。不难理解，这样的孩子大多数时间都在忙着捍卫自己的个人疆界，唯恐自己遭到挫败。我们也许可以猜想，在他眼里，外部世界总是不友好的。为过分的警觉谨慎所累，他会渐渐习惯于回避所有大一点的困难，而不肯置自己于可能的挫败境地。

娇惯出来的孩子还有一个共同的性格特征，那就是他们更多地考虑自己而不是别人，这是他们的社会感发展不够完善的一个标志。

娇惯出来的孩子还有一个共同的性格特征，那就是他们更多地考虑自己而不是别人，这是他们的社会感发展不够完善的一个标志。从这种性格特征中，我们可以清楚地看到他们朝着悲观主义世界观发展的整个过程。除非他们为自己的错误行为模式找到解决方案，否则他们不可能幸福。

人是一种社会存在

前面我们已经详尽地阐明，只有把个体放进相关的环境中，我们才能了解他的性格，才能对他在这个世界上的特定境遇做出判断。此处我们所说的境遇，是指他在宇宙中的位置、他对自己周围环境和人生问题的态度，比如职业挑战、与其他人的接触和合作等，这些都是人性中固有的东西。由此我们得以确定，个体在婴幼儿初期经历的种种心理印象会影响他一生的态度。从出生仅几个月的婴儿身上，我们就可以判定出这个孩子以后会是怎样一副人生姿态。婴儿出生几个月之后，我们就不可能会把两个婴儿的行为混淆，因为他们在这个时候就已经表现出了明确的模式，这种模式会随着他们的发展变得越发清晰。再怎么变都不会超出这个模式之外。孩子的心理活动会越来越受到其社会关系的影响。与生俱来的社会感会在他对温情的初始追求中初露端倪，这会使他寻求与成年人亲近。孩子对生活的热爱总是指向他人的，而不是像弗洛伊德所说的，指向自己的身体。这些受性欲影响的努力在强度和表现上因人而异。在两岁以上的孩子身上，这些区别主要表现在他们的语言上。只有在最严重的精神机能退化的重压下，这种牢牢扎根于儿童内心深处的社会感才会弃他而去。这种社会感会伴随人终生，在一些情况下也许会发生改变、歪曲或受到约束，在另一些情况下也许会被扩大、拓宽，直到它不但涉及个体的家庭成员，而且涉及他的家族、他的国家乃至全人类。它还可能跨越这些界限，延及动物、植物、无生命的物体乃至整个宇宙。我们的研究得出的基本结论是：我们必须将人看作一种社会存在。明白了这一点，我们就掌握了理解人类行为的一个重要辅助工具。

通过感觉器官，个体
形成了自己的宇宙观。

Understanding
Human Nature

第 4 章

我们生活的世界

我们每个人体验到的都是整个世界中某个非常具体的部分。

宇宙的结构

由于每个人都必须适应环境，所以他的心理机制便具有接受外部世界印记的能力。此外，心理机制还根据对世界的确切理解，沿着童年早期就形成的某种理想化的行为模式路线，追求某个明确的目标。虽然我们无法用清楚、准确的术语表达对宇宙的这种理解以及这个目标，但是，我们可以视其为一种萦绕不去的气息，与其对应的则是一种欠缺感。只有在有了固有的目标之后，精神活动才可能产生。我们知道，确立了目标之后，才会有变化能力，才会有自由运动。由自由运动引起的精神上的丰富不可低估。第一次从地上站起来的孩子会从此进入一个全新的世界，在站起来的那一秒，他总会感到某种敌意。在最初尝试运动时，尤其是在抬起脚学走路的时候，他会遇到大大小小的各种困难，这些困难会增强或者摧毁他对未来的希望。成年人看来微不足道或普通寻常的印记却可能会给孩子的精神带来巨大的影响，并会从各个方面影响他对自己所生活在其中的这个世界的看法。因而，曾在运动方面遇到过困难的孩子，他们的理想中可能充斥着剧烈而迅速的运动，我们可以问他们最喜欢的游戏是什么，或者问长大之后想要做什么，从中可以看出他们的这种理想。通常，这样的孩子会回答说，他们想成为汽车司机、火车司机等，这些清楚地表明他们渴望克服每一个妨碍自己自由运动的障碍。他们的人生目标是通过完美的自由运动扫除自卑感和无力感。我们很容易明白，发育缓慢或者体弱多病的孩子心理中很容易产生这种无力感。同样地，天生视力有缺陷的孩子会尝试用更强烈的视觉概念来表达自己对整个世界的理解。有听觉缺陷的孩子则会对某些在他们听来特别悦耳的曲调有强烈兴趣，简而言之，他们会变得“爱好音乐”。

> **通过感觉器官，个体形成了自己的宇宙观。**

在孩子用以征服世界的所有器官中，在决定他与他所生活的这个世界的基本关系方面，感觉器官尤为重要。正是通过这些感觉器官，个体形成了自己的宇宙观。首先是眼睛接近环境，视觉世界强制性地吸引人的注意，给人的感受和体验提供主要资料。我们生活在其中的这个世界，它的视觉画面有着无与伦比的重要性，因为它涉及的是不变的、持久的材料，不像其他器官如耳朵、鼻子、舌头以及皮肤等，后者只能感受短暂的刺激。然而，也有这样一些人，他们的耳朵是主要的感觉器官。他们的心理信息储备更多地建立在听觉的基础上。在这种情况下，精神可以说属于听觉型。我们偶尔也会发现，有些人的运动神经占主导地位。还有一些人，嗅觉或味觉刺激尤其能吸引他们，这些人中，第一类人，即对气味尤为敏感的人，在我们的文明中处于相对不利的地位。然后还有很多孩子，他们身上的肌肉系统扮演着主要的角色。这类孩子天性不安分，这使他们童年时期不停地动来动去，成年之后则更加活跃。这类人只对运动肌肉在其中扮演主要角色的活动感兴趣。他们甚至在睡眠中都很活跃，我们只需观察他们在床上翻来覆去的样子就可以证明这一点。我们必须将“坐立不安”的孩子归入这一类，他们的躁动不安常被看作一种恶习。从总体上看，我们可以说，如果一个孩子在接近这个世界时没有对某种或某几种感官感觉特别感兴趣——无论这些是他的感觉器官还是运动器官感知的感觉，那么他几乎就无法生存下去。每个孩子都是通过他的较为敏感的器官从这个世界上收集信息，从而对他生活于其中的这个世界有所了解的。因此，我们只有在了解了个体是以哪种感官或感官系统接近这个世界时，我们才能理解他，因为他所有的人际关系都受制于这个事实。只有先了解他的身体缺陷对他童年时期的宇宙观有着怎样的影响，并进而对他后期的发展有着怎样的影响，他的行为和反应才有研究价值。

宇宙观形成的要素

决定我们一切活动的、始终存在的那个目标同样也影响着个别心理机能的选择、强度和活动，正是这些心理机能赋予宇宙观以形式和意义。这就能解释为什么我们每个人体验到的都是生活中、某个特定事件中或我们生活在其中的整个世界中某个非常具体的部分。我们每个人在乎的只是符合个人目标的东西。如果不清楚一个人私底下追求的是什么样的目标，我们就不可能真正理解他的行为。同样，如果我们不知道他的所有活动都是受这个目标的影响，那么我们就无法对他的行为的各个方面做出评价。

1. 知觉

外部世界中产生的印象和刺激通过感觉器官传递到人的大脑，在那里留下蛛丝马迹。在这些痕迹的基础上，形成了想象和记忆。但是知觉与照片永远无法相提并论，因为它与感知者特有的、个别的特性密不可分。我们并不能感知我们看到的一切，也没有哪两个人会对同一景象做出完全一致的反应，如果问他们感知到了什么，他们会给出不同的回答。一个孩子只会感知到所处的环境中与他的行为模式相契合的事物，而这个行为模式是在各种原因的作用下早已确定好的。视觉愿望特别发达的孩子，他的感知中带有明显的视觉特点。大多数人的思维可能都是视觉型的。还有一些人则主要用听觉感知，如拼拼图一般拼出他们为自己创造的世界。这些知觉并不一定要与现实完全一致。每个人都能重新组合、重新排列他与外部世界的联系，从而使之契合自己的生活模式。人的个别性和独特性在于他感知到了什么以及感知方式如何。知觉不仅仅是一种简单的生理现象，还是一种精神机能，我们可以从中得出与内心生活相关的最广泛的结论。

2. 记忆

精神的发展与活动的必要性密切相关，它的基础是知觉。精神与人这种生物体的运动之间存在着天然联系，精神的活动受这种运动的目标和意图制约。人必须收集并整理他受到的刺激以及他与自己生活在其中的世界之间的关系，同时他的精神必须发展所有这些在保护他、维持他的生存方面起着重要作用的机能。

现在很清楚的是，我们对问题做出的独特反应在精神结构中留下了痕迹。记忆和评估的功能受制于适应的必要性。如果没有记忆，我们就不可能对未来有所预防。我们也许可以推断，所有的记忆中本身就有某种潜意识的目的。记忆并不是偶然现象，而是清楚地带着鼓励或警告信息。没有无关紧要或无意义的记忆。只有确定了记忆间接服务的目标和意图之后，我们才能对某个记忆做出评估。人为什么会记住一些事情却忘记另一些事情，知不知道这个并不重要。有些事情的记忆对某个具体的精神倾向而言很重要，我们就会记住它们，因为这些记忆会推进潜在的某个重要运动。类似地，我们会忘掉有损于某个计划实现的所有事件。由此我们发现，记忆也受有目的的适应的制约，我们还发现，每个记忆都受目标想法的制约，这种目标想法管理着人的整体性格。久远的记忆，哪怕是一种虚假记忆（童年时期经常出现这种情况，记忆中常带着片面的偏见），也可能从意识王国中演变而来，并表现为一种态度、一种情感基调，甚至是一种哲学观念，如果这对达成期冀而言是必需的话。

3. 幻觉

个体的独特性在他的幻想和想象中表现得尤为清楚。此处所说的想象指的是，在引起感知的对象不在场的情况下，知觉的再现。换句话说，想象是再现的知觉：这又是一个证据，它证明了精神的创造能力。想象的产物不但是知觉的重复（知觉本身就是精神的创造力的产物），而且是一种全新的独特的产物，它建立在知觉的基础上，正如知觉建立在身体感觉的基础上一样。

然后还有在聚焦方面远远超出惯常想象的幻想。这类想象轮廓如此清晰，以至于它们不仅具有想象的产物所具备的意义，而且还影响着个体的行为，就好像实际上不在现场的刺激物就在现场一样。当幻想显得好像是切实在场的刺激引发的结果一样时，我们称其为“幻觉”。幻觉出现的条件与幻想式的白日梦出现的条件完全相同，毫无二致。每种幻觉都是精神的艺术性创作，根据出现幻觉的特定个体的目标和意图形成并聚集在一起。我们来举个例子对此进行说明。

一个聪颖的年轻姑娘违背父母的意愿结了婚。她的父母对她的错嫁非常生气，他们与她断绝了一切关系。随着时间的流逝，她渐渐开始相信她的父母对她不好。因为双方的骄傲和固执，许多重归于好的努力都失败了。由于这场婚姻，这个原本出身尊贵而富有的年轻姑娘陷入了相当穷困的境地。然而，从表面上看，没有人能从她的婚姻关系中看出任何不幸福的迹象。如果不是她的生活中出现了一个非常奇怪的现象，大家都会认为她适应得很好。

这个姑娘从小就是她父亲最宠爱的孩子。父女之间的关系曾经如此亲密，以至于他们现在的决裂就更为引人注目。然而，她的婚事使她父亲对她很不好，他们之间的裂痕很深。甚至在她的孩子出生时，她的父母也无动于衷，没有去探望她，也没有去探望孩子。姑娘对父母的无情耿耿于怀，因为心高气傲的她，在本应得到关心照料的时候，被父母的态度深深地刺痛了心。

我们必须记住，这个年轻姑娘的情绪完全受其追求目标的影响。正是这种性格特征使我们得以洞悉为什么她与父母之间的决裂对她影响如此之深。她的母亲是个严厉而正派的人，有很多优秀品质，虽然她对待女儿很严厉。她知道如何顺从自己的丈夫（至少在表面上显得如此），但又不至于表现为“屈尊”。事实上，她骄傲地使人们注意到她的服从，并将其视为一种荣耀。这个家里还有一个儿子，被认为酷似父亲，是未来的家族姓氏继承者。他在家里更受重视，这激发了姑娘强烈的追求欲望。这个姑娘在成长过程中相对来讲一直处于父母的庇护之下，她在现在的婚姻中经历的困难和贫穷使她不断地想起父母对她的亏待，并越来越不满。

一天夜里，还没入睡时，她发现一扇门开了，圣母玛利亚走到她床前，对她说：“因为我这样爱你，所以我必须告诉你，你将在 12 月中旬死去。我不愿你对此毫无准备。”

这件神奇的事情并没有吓到这个姑娘，但她还是叫醒了丈夫，将事情告诉了他。第二天她去看了医生，并将这件事情告诉了他。这是一个幻觉。但是她坚持说她看得很清楚，也听得很清楚。乍一看，这似乎不可能，然而用我们的知识来分析分析，就能很好地理解这一切了。情况是这样的：一个非常有追求的年轻姑娘，同时，如我们在调查中发现的那样，她还有控制其他所有人的倾向，与父母决裂了，却发现自己陷入了穷困中。这是完全可以理解的：一个人，努力想在自己生活的世界中征服一切，想接近所谓的上帝并与之对话。如果圣母玛利亚只出现在想象中（比如在祈祷时），那么谁也不会觉得这件事有什么特别之处，但是这个姑娘需要更有说服力的论据。

当我们明白了精神所能耍的诡计之后，这件事就完全没有什么神秘性可言了。做梦的人不都这样吗？这之间的区别仅仅在于：这个姑娘可以醒着做梦。我们还必须补充一点，她的抑郁感使她的追求处于极大的压力之下。现在我们意识到，实际上是另一位“母亲”来到了她身边，这位“母亲”，在众人的心目中，是最伟大的母亲。圣母之所以出现，是因为她自己的母亲没有出现。这个幻影的出现是她对自己母亲的谴责、对母亲对自己的孩子缺乏关爱的谴责。

这个年轻姑娘现在正在努力设法证明父母是错的。12月中旬是个重要的时刻。每年这个时候，人们会比平时更容易想起与自己关系深厚的人，大多数人都会更温情地彼此亲近，互赠礼物，等等。也正是在这个时间，言归于好的可能性更大，所以我们可以理解，这个特殊的时间与姑娘发现自己处于困境中密切相关。

这个幻觉中唯一奇怪的似乎是，圣母友好地接近，带来的却是这个姑娘将死的坏消息。她几乎是带着欢快的语调将这一幻觉告诉丈夫，这个事实也很重要。圣母的预言很快传播开来，散播到了她家庭的小圈子之外，而医生也在第二天听说了此事：这很容易促使她母亲真的来看望了她。

几天之后，圣母玛利亚第二次出现，说了同样的话。当这个姑娘被问到她与母亲的见面结果如何时，她说她的母亲不承认自己做错。我们于是就看到同样的主题再次出现。她想要控制母亲的愿望还没有实现。

这个时候，各方努力使她父母了解了他们女儿的真实生活状态，于是，姑娘和她的父亲终于有了一次令人非常满意的会面。场面很感人，但是这位姑娘仍不满意，因为她说她父亲的举止很矫揉造作。她还抱怨说他让她等得太久了！即便赢得了胜利，她还是摆脱不了那种倾向，总想证明别人都是错的，而她自己则是得意的胜利者。

幻觉出现于精神极度紧张以及害怕自己的目标不可能达成的时候。

从前面的讨论中我们可以得出这样的结论，幻觉出现于精神极度紧张以及害怕自己的目标不可能达成的时候。毫无疑问，在发展较为落后的地区，以及在遥远的从前，幻觉对人有相当大的影响。

游记中常有对幻觉的描述，这是众所周知的。海市蜃楼就是绝佳的例子。迷路的行旅之人，又饿又渴又疲惫，于是就看见了海市蜃楼。可以理解的是，生命处于危险中时，带来的压力会使受苦者在想象中为自己创造出一个清明的、使人精神大振的情境来，从而使自己逃避环境带来的令人不快的痛苦。海市蜃楼象征着一种新情境，这种情境能给疲惫之人带来鼓励，使意志薄弱者再次坚定起来，使旅人更坚强或更敏感。或者，它也可以是一种安慰剂，或麻醉剂，使人忘却恐惧带来的痛苦。

因为我们已经在知觉、记忆机制以及在想象中见过类似的现象，所以幻觉对我们而言不是什么新鲜事儿。当我们关注梦境时，我们会看到同样的事情。强化想象，再把高级神经中枢的判断功能剔除出去，就很容易产生幻觉现象了。在有必要或处于危险中时，以及在因为能力受到威胁而遭受压力时，人会努力通过这个机制消除并战胜自己的虚弱无力感。压力越大，人就越少注意自己的关键官能。在这样的情况下，在“全力自救”这个座右铭的激励下，在其所有精神能量的帮助下，人的想象会被迫变成幻觉。

错觉与幻觉之间存在着密切的关系，两者之间的唯一区别在于，错觉中保留了一些与外在的联系，只是被误解了，正如歌德的《魔王》（*Der Erlkonig*）中的情形一样。这两者背后的心理发生机制和它们带来的心理危机感是一样的。

我们再举一个例子，通过这个例子来说明精神的创造力如何在需要的时候产生出错觉或幻觉。有个男子，出身尊贵，因为所受的不良教育，所以没有什么出息，做了一个微不足道的小职员。他已经放弃了一切希望，不相信自己还会有什么出息。他的绝望沉重地压在他身上，而且，朋友的责备使他压力更大。在这种种情形下，他开始酗酒，酒精使他流连于其中，并使他为自己的失败找到了借口。不久，他因为震颤性谵妄症（delirium tremens）被送进了医院。谵妄与幻觉常常相伴存在，在因酒精中毒引起的谵妄中，患者眼前经常出现如老鼠、昆虫或蛇这样的小动物，也可能会出现其他与患者职业相关的幻觉。

上面提到的这位患者被送到强烈反对酗酒的医生那里。他们对他进行了严格的治疗。彻底戒掉了酒的他痊愈出院，3 年里他滴酒未沾。3 年后他又回到了那家医院，带着一种新病症。他说他经常看到一个人看着他工作，目光斜睨，鄙夷而笑。他现在是个小工。有一次，他特别愤怒，因为这个人一直在取笑他，他挥起铁镐向他砸去，想看看他到底是人是鬼。那幽灵却闪身躲开了，并且还狠狠地揍了他一顿。

这个时候，我们不能再说是什么幽灵了，因为这个幻影有着再真实不过的拳头。我们不难对此找到解释。他一贯有幻觉，但这次他错把真人当成了幻影。这清楚地告诉我们，虽然他摆脱了对酒精的渴望，但是自从出院后，他反而更加沉沦了。他丢掉了工作，被赶出了家门，现在不得不靠做小工谋生。这在他和他的朋友眼里是最低贱的工作。他面临的精神压力并没有减小。虽然他戒掉了酒，虽然戒酒给他带来了很大的好处，但是他因为失去了酒带来的慰藉而变得更不幸。在酒的帮助下，他还能做他原来那份工作，因为在被家里人大声指责没有出息时，以酗酒为借口辩解在他看来似乎比承认自己没有能力保住工作要光彩些。在成功戒酒后，他不得不再次面对现实，跟以前一样又一次处于极大的压力之下。如果现在再次失败，他再也没办法安慰自己，也没有什么可怪罪的了，连酒精都怪不上了。

在这种精神危机中，幻觉再次出现了。他认为自己跟从前没有什么两样，仍然以一个酒鬼的身份看世界，说话的时候也明显跟个酒鬼一样。他说自己的一生都因为酗酒而被毁了，他的生活已经完全没有了挽救的余地。他希望因为生病而摆脱这份有失体面的、非常令他不快的挖地沟的工作，不用自己去做这个决定。上述提到的幻觉持续了很长时间，直到他被迫又进了医院。现在他可以用这样的想法来安慰自己了：如果不是不幸被酒精毁了生活，他原本可以取得很大的成就。这种方法可以使他获得较高的自我评价。对他而言，维持较高的自我评价比工作更重要。他所有的努力都是为了让自己确信，如果不是运气不好，他也许能取得很大的成就。正是这个维持着他在权力关系中的地位，使他觉得其他人并不比自己强，他不过是遇到了不可逾越的障碍而已。在这种竭力寻找借口安慰自己的心态下，就出现了那个被人睨视的幻觉，那个幽灵其实是拯救他自尊心的“人”。

幻想

幻想是精神的另一种创造性机能。我们可以在我们前面描述过的种种现象中找到这一活动的痕迹。正如某些记忆在意识的锐聚焦中的投射或者想象中的上层结构的建立一样，幻想和白日梦被认为是精神的创造性活动中的一部分。预见和预判是任何运动的生物体都必须具备的一项能力，也是幻想中的一个重要要素。幻想与人类机体的运动能力密不可分，而且实际上它就是预见和预判的一种方法。儿童和成人的幻想有时候被称为白日梦，这些幻想总与未来相关，建立“空中楼阁”就是它们的活动目标，它们以虚幻的形式为真实的活动提供模板。对儿童幻想进行的考察清楚地表明，对权力的追求在儿童的幻想中扮演着重要角色。孩子的白日梦以自己的野心目标为主题。他们的大多数幻想都已“我长大以后”之类的话语开端。有许多成年人还表现得好像没长大一样。幻想中如此强调权力的获得，这再次向我们表明，只有在确定了一定的目标之后，精神生活才能发展。在我们的文明中，这个目标就是获得社会认可和社会地位。个体永远不会长久地追求某个中庸的目标，因为人类的社会生活总是不断地充斥着自我评价，这自然会使人产生优于他人的愿望，以及希望在竞争中取得成功的愿望。儿童的幻想中非常明显的预见形式几乎都是使孩子的权力得到表达的情境。

> **幻想有时候被称为白日梦，这些幻想总与未来相关，个体通过自己的虚幻想象，使自己超脱于缺乏善意的现实生活之上。**

但我们也不能一概而论，因为界定幻想的程度或想象的范围是不可能的。我们前面的说法在许多情况下是正确的，但对有些情况可能就不适用了。那些以挑衅眼光看待生活的孩子，他们的幻想力会得到更大的发展，因为在他们自身态度的刺激下，他们会更为谨慎。有些孩子则比较虚弱，对他们而言，生活并非总是令人愉快，他们的幻想能力会更发达，而且还会有对幻想特别沉迷的倾向。在某个特定的发展阶段，他们的想象能力也许会成为他们逃避现实生活的一种途径。他们也许会借助幻想表达对现实的不满。在这样的情况下，幻想就会变成一种权力陶醉，个体通过自己的虚幻想象，使自己超脱于缺乏善意的现实生活之上。

跟对权力的追求一样，社会感也常常在人的幻想中扮演重要的角色。在孩子的幻想中，对权力的追求中往往还伴随着这种权力在社会目的中的运用。我们可以在以下这类幻想中清楚地看到这种特征：在这些幻想中，孩子幻想自己是救世主、行侠的骑士、战胜一切邪恶力量或恶魔的胜利者等。孩子还时常幻想自己不属于现在这个家庭。许多孩子相信，他们实际上来自另一个家庭，然后某一天，他们的亲生父亲，某个大人物，会过来把他们接走。这种幻想常出现在有深切自卑感、饱受贫困折磨的孩子身上，或者存在于缺乏存在感、对自己在家里得到的爱和温情感到不满意的孩子身上。有些孩子表现得跟大人一样，他们的外在态度泄露了他们想成为重要人物的愿望。有时候，我们会看到这种幻想以近乎病态的方式表现出来。比如，有些孩子只戴硬挺的礼帽，或者到处捡拾雪茄烟蒂，以便使自己显得像个男人；或者有些小女孩下决心要变成男人，行为举止和衣着打扮都像个男孩子。

也有些孩子被认为没有想象力，这绝对是个错误。要么是这些孩子没有表现自己，要么是有其他原因迫使他们努力不让自己的幻想显露出来。有些孩子会压制自己的想象，从而努力获得一些权力感。在竭力适应现实的过程中，这些孩子认为幻想缺乏男子气概或者显得小孩子气，所以他们不愿意进行幻想。有时候，这种不情愿会发展到极点，以至于他们好像完全缺乏想象力一样。

对梦的一般考察

除了以上所描述的白日梦之外，我们还必须讨论一下在我们的睡眠中进行的那种重要而有意义的活动，即睡梦。大体上，我们可以说，夜间的梦是白日梦的重演。老一辈经验丰富的心理学家指出，我们可以轻易地根据一个人的梦境了解他的性格。事实上，在人类历史上，梦在人类的思想中一直占据着重要地位。跟在白日梦中一样，我们在睡梦中还在活动，机体在筹划、安排，希望未来能够生活在安全中。二者之间最明显的区别是，白日梦相对容易理解，而睡梦则很少有人能理解。睡梦难以理解，这没有什么好奇怪的，而且我们也许会轻易地认同这样的观点，即睡梦是多余的、没有意义的。我们暂时可以这样说，渴望克服困难、渴望保持自己未来地位的个体，对权力的努力争取，可以在他的梦中产生回响。睡梦给我们提供重要的线索，帮助我们理解精神生活中的问题。

移情和认同

精神不仅能感知现实中切实存在的事物，而且能感知、推测未来会发生的事情。这种能力对能自由运动的机体所必需的预见功能的形成而言，是一种重要的贡献，因为这样的机体不断地面临调整问题。我们称这种能力为认同或者移情。人类的这种能力特别发达。它的活动范围如此之广，以至于我们可以在精神生活的各个角落看到它。预见是它得以存活的首要条件。如果我们被迫去预见、预判或预测某种特定情境下我们该如何行动，我们就必须运用我们的思想、感觉和知觉之间的相互联系，学会如何对某种尚没有发生的情境做出正确的判断。事先形成判断是很有必要的，有了判断，我们可以要么以更大的努力去接近那种新情境，要么以加倍的小心避开它。

移情发生在一个人与另一个人之间的交谈中。如果不能在交谈的同时认同对方，就不可能理解对方。戏剧是移情的艺术表现。关于移情的其他例子还可以见于这样的情形中：当某人发现别人处于险境时，会产生一种奇怪的不安感。这种移情有时候会如此强烈，以至于人会不自觉地做出自卫动作，虽然他自己并没有危险。我们都知道，当某人的杯子掉地时，他会做出动作！在保龄球场，我们有时会看到有些运动员随着球的运动路线移动自己的身体，就好像想通过这一动作影响球的滚动路线一样！同样地，在足球比赛中，看台上的所有观众都会朝着自己喜欢的球队的方向，做出推进的动作，或者当球在对方球队手里时，做出抵御的动作。一个常见的表现是，汽车上的乘客在感到自己处于危险中时，会不自觉地做出刹车动作。从高楼下经过时，如果看到有人在擦洗窗户，几乎所有人都会做出某种退缩和防御动作。当演讲者失去镇定，讲不下去时，观众席上的人会感到压抑和不安。在剧院里，我们尤其会与剧中的演员产生认同，在内心中扮演各种角色。我们的整个生活很大程度上都建立在这种认同能力之上。要对这种“感同身受”的能力追根溯源的话，我们可以在与生俱来的社会感中找到它的根源。这实际上是一种宇宙感，是整个宇宙间的相互联系的一种反映，这种联系就存在于我们自身之中，这是人之为人必然具备的一种特征，它使我们有了认同我们自身之外的事物的能力。

正如社会感存在程度差异一样，移情中也存在着程度差异。这种程度差异在人的童年时期就可以看到。有些孩子全神贯注在玩具娃娃身上，仿佛这些娃娃是人一样，而有些孩子则对玩偶的内部构造更感兴趣。如果将社会关系从人身上移开，投向不太有价值或无生命的东西，个体的发展也许会完全停止。如果不是完全缺乏社会感，如果不是完全缺乏认同其他生命的能力，那么我们看到的孩子残忍对待动物的事件就不可能发生。这一缺失带来的后果是，孩子对那些丝毫无益于或基本无益于他们发展成社会人的事物产生了兴趣。他们只考虑自己，而对他人的快乐或悲伤完全无动于衷。这些表现与缺乏移情能力密切相关。这种对他人的认同感的缺乏也许会发展到个体完全拒绝与他人合作的地步。

催眠与暗示

一个个体如何可能对另一个个体的行为产生影响？个体心理学给出的回答是，这种现象是伴随我们精神生活而来的诸多表现中的一种。我们的整个社会生活将不复存在，除非一个个体能对另一个个体施加影响。这种互相影响在某些情形中尤为突出，比如，在老师和学生、父母与孩子、丈夫与妻子等之间的关系中。在社会感的影响下，每个人在一定程度上都有自愿受环境影响的倾向。自愿受影响的程度，取决于施加影响的人对受影响者的权利的考虑程度。施加影响者如果在伤害受影响者，那么他就不可能实现对对方的长期影响。要想对另一个个体的影响最大化，施加影响者应该让对方感到他的权利有所保证。这是教育学中一个极其重要的观点。也许我们还能构想出，甚至实施这种教育形式之外的别的教育形式，但是如果一种教育制度能将这一点纳入考虑范围，那么它一定能胜任。原因是，它与人最原始的本能，即人与人、与宇宙之间的关联感相契合。

这种互相影响只在一种情况下会失去作用，那就是人有意识地回避社会对自己的影响。这样的回避不会偶然出现。在此之前一定出现过持久的拉锯战，在拉锯的过程中，个人与世界之间的联系逐渐瓦解，以至于现在他公然站在了社会感的对立面。现在，要对他的行为施加任何一种形式的影响都将极其困难或根本就不可能。我们看到的将是这样的戏剧性场面：他对任何试图影响他的举措都予以反击。

我们可能会看到，那些感到自己受到了环境压迫的孩子，会对施教者对他们施加的影响表现出敌意。然而，在某些案例中，外部的压力如此强大，以至于它扫除了一切障碍，从而使命令式的影响得以保留并被服从。我们很容易就可以证明，这种服从毫无社会价值。这种服从有时候会以如此奇怪的方式表现出来，以至于服从者都无法适应生活。由于盲目屈从，如果没有他人的指令，这种个体连采取行动或进行思考的能力都没有。这种影响深远的屈从中蕴含的危险在于这个事实：有些孩子在长大成人之后，会听从任何人的命令，甚至服从要他去犯罪的命令。

在犯罪团伙中可以看到这样耐人寻味的例子。那些执行团伙命令的人就属于这一类人，团伙头目往往在远离行动地点的地方控制他们。在几乎每一个与团伙犯罪相关的重要犯罪案件中，都有这样唯命是从、充当爪牙的人。这种影响深远的盲从有时会达到令人难以置信的程度，竟至于我们有时候会看到有些人为自己的奴颜媚骨深感自豪，觉得这是实现自己野心的一种途径。

把观察范围缩小至正常的相互影响实例，我们会发现那些较为通情达理的人以及那些社会感最不扭曲的人，最容易受人影响。相反，那些渴望高人一等、渴望支配他人的人是很难被影响的。我们在日常的观察中都可以看到这一点。

抱怨孩子盲从的父母很少，父母最常抱怨的是孩子的不服从。研究表明，这样的孩子被困在一种要求他们优于环境的潮流中，他们拼力想撞倒挤压他们生活的围墙。由于在家中受到的不当对待，教育的影响很难触及他们。

人努力争取权力的愿望越强烈，他对教育的接纳程度就越低。尽管如此，很大程度上，我们的家庭教育关注的重点仍然是激发孩子的野心，唤醒他的宏图大志。这并不是因为父母思虑不周，而是因为我们的整个文化中都弥漫着类似的浮夸谬见。正如在我们的文明中一样，在家庭中，最被看重的也是在这个环境中比其他所有人更卓越、更好、更荣耀的个体。在关于虚荣的章节中，我们还会有机会来讨论这种教育方法是怎样地不适宜社会生活，以及野心会给心智的发展带来怎样的障碍。

有些个体，因为无条件地服从，环境中的一点点变化都会影响到他们。被催眠者的情况跟他们的情况差不多。短暂地想象一下这种情形：服从任何人心血来潮时的每个奇思异想！催眠术就建立在类似的准备基础之上。任何人可能都会说或认为自己有被催眠的意愿，但是他们可能缺乏服从于他人的精神准备。一些人可能会有意识地拒绝，但实际上有渴望服从的天性。在催眠术中，被催眠者的心理态度对他的行为起着唯一决定作用。他说了什么、他相信什么，这都不重要。正是由于辨不清这个事实，人们对催眠术产生了很多误解。在催眠术中，那些看似抗拒催眠，但实际上愿意服从催眠者发出的指令的人，常常是催眠者关注的对象。这种意愿也许有不同的范围界限，所以催眠的结果也因人而异。被催眠者在多大程度上愿意被催眠，这绝不是催眠者的意愿所能决定的，而完全取决于被催眠者的心理态度。

> **被催眠者在多大程度上愿意被催眠，这绝不是催眠者的意愿所能决定的，而完全取决于被催眠者的心理态度。**

就其本质而言，催眠与睡眠非常相像。它之所以神秘，仅仅是因为这种睡眠是在另一个人的控制下发生的。这种控制只对愿意服从它的人有效。通常，其中的决定性因素是被催眠者的气质和性格，只有愿意不加判断地听从别人命令的人才能进入催眠状态。催眠术不是普通的睡眠，原因在于它将运动机能都排除在外，排除到了如此程度，以至于甚至连运动中枢都根据催眠实施者的命令而动。在这种状态下，被催眠者只是处于平常睡眠一样的某种朦胧睡意中，只记得催眠者让他回想的事情。催眠中最重要的事实是，在催眠过程中，我们的判断机能——精神最精妙的产物，都完全处于瘫痪状态。可以说，被催眠者变成了催眠者一只延长的手，成了一个受催眠者控制的器官。

在一些情况下，真理和谎言以奇怪的方式混合在一起：被催眠者可以说是“被骗”的骗子，他一方面欺骗着催眠者，另一方面又使自己服从于对方的意志。在这里，起作用的很明显不是催眠者的影响力，而总是被催眠者的甘心纡尊和乐于服从。除了催眠者虚张声势的能力之外，并没有什么魔法力量影响催眠者。任何习惯于理性生活的人，任何自己做决定、不会不加判断地接受他人话语的人，都永远不会被催眠。

至此，我们还必须仔细审视一下暗示。如果将其归于印象和刺激范畴的话，暗示就很容易理解了。不言而喻，没有哪个人只是偶尔受到刺激，我们所有人都不断地受到外部世界中出现的不可胜数的印象的影响，永远不存在对某种刺激的单纯感知。一旦我们感觉到了某种印象，它就会持续对我们产生影响。当这些印象以另一个人的要求和请求的形式出现时，比如试图使我们信服或接受他的论点，那就变成暗示了。它转变或强化被暗示者心中已有的某个观点。每个人对来自外部世界的刺激做出的反应都各不相同，更为困难的问题就在这里。个体受影响的程度与他的独立性密切相关。有两种人我们必须牢记在心。一种是那种总是高估他人观点，并因而无论自己的见解对错与否总是轻而视之的人。他们习惯于高估他人的重要性，并乐于改变自己、迎合他人的看法。这些人特别容易接受暗示或催眠。第二种人将每个刺激或暗示都视作侮辱。他们认为只有自己的观点才是正确的，而对这种观点真的正确与否毫不在意。他们不会理会他人的任何看法。这两种人都有弱点。第二种人的弱点在于不会接受他人的任何观点。属于这个范畴的人通常都非常好斗，虽然他们可能总标榜自己乐于接受建议，但是他们宣称自己善于接受建议，标榜自己明事理，只是为了强调自己的独一无二。实际上，别人根本无法靠近他们，也很难与他们共事。

在自卑感的压力之下，或者在个体觉得自己很渺小、很没用的压力之下，会竭尽全力控制这种自卑情结。

第5章

自卑感与力求获得认可

获得认可的愿望伴随着自卑感而来，它的目的是使这个个体看起来优于他所处的环境。

童年早期的情形

我们现在已有充分的准备来承认这个事实，即与那些从小就享有生存乐趣的孩子相比，那些有缺陷的孩子对待生活、对待他人的态度是截然不同的。我们几乎可以将这视为一条法则：生来就有器官缺陷的孩子早早就卷入到了生存斗争中，而这常常会扼杀他们的社会感。他们对适应他人没有兴趣，而是将全副心思都放在自己以及自己给他人留下的印象上。器官缺陷对人带来持续影响的因素，也同样会给人带来社会或经济负担。这种负担也许会表现为额外的重荷，导致人对世界产生敌对态度。从很早开始，这种决定性的趋势就已经被确定了下来。这样的孩子常常在两岁时就感到，在这场竞争中，他们的“装备”不如他人，他们甚至在普通的游戏和玩耍中都信心不足。过去的种种缺陷使他们产生了一种被忽视感，这种感觉表现在他们焦虑的期待态度中。我们必须记住，每个孩子在生活中都处于弱势，如果不是家庭给他提供了一定的社会感，他将无法独立生存。当我们看到了每个孩子的柔弱和无助时，我们就会意识到，每个人在生命之初都或多或少地有点自卑感。每个孩子都迟早会意识到自己无法单枪匹马应对生存中的挑战。这种自卑感是每个孩子努力奋斗的动力和出发点。它决定着这个孩子在人生中如何获得宁静和安全，决定着这个孩子的生存目标，并为这一目标的实现设定好前进的道路。

孩子的可教育性的基础存在于这种与其器官潜能密切相关的特殊处境中。有两个因素可能会毁掉这种可教育性：一个是被夸大、被强化、未被消除的自卑感；另一个是不但要得到安全、宁静和社会平静，而且力求获得对环境的影响力，控制和支配他人的目标。我们能轻易辨认出有这种目标的孩子。他们之所以会成为“问题”儿童，是因为他们将每种经历都理解成一种挫败，还因为他们总是认为自己被大自然以及他人忽略和歧视。我们必须考虑所有这些因素，必须明白孩子的生活中可能会出现什么样的曲曲折折的、不充分的、充满错误的发展。每个孩子都有陷入错误发展的危险。每个孩子都时不时地会发现自己处于危险境地。

由于每个孩子都必须在成人环境中长大，所以他往往会觉得自己柔弱、渺小、无力独立生活，他不相信自己能不犯错误或利落地完成别人认为他能完成的那些简单工作。我们教育中的许多错误都是从这里衍生出来的。我们要求孩子做他们力所不能及的事情，结果使他们觉得自己很没用。有些人甚至故意让孩子感受自己的渺小和无力，有些人把孩子当成玩具或会活动的玩偶，有一些人则把孩子当成必须严加看管的宝贵财产，还有一些人非要让孩子觉得自己是一无用处的负担。父母和成人的这些态度常常使孩子认为自己只有两种选择：要么讨成人喜欢，要么令他们不快。父母给孩子带来的这种自卑感也许会因为我们文明中的某些特定特征而被进一步强化。漫不经心地对待孩子就属于这一范畴。孩子会觉得自己是个无名小卒，毫无权利可言，会觉得自己是个摆设，没人理会，还会觉得自己必须谦恭有礼、安安静静，等等。

很多孩子在被人嘲笑的持续恐惧中长大。嘲弄儿童几乎跟犯罪没什么两样。它会对孩子的心灵带来持久的影响，并渗透到孩子成年以后的习惯和行为中。我们可以很轻易地看出哪些成年人在童年时期经常被人嘲笑，这种人摆脱不了再次被人嘲笑的恐惧。漫不经心地对待孩子，这种做法的另一面是经常对孩子撒很明显的谎，导致的结果是，孩子不仅会开始对自己的周围环境产生怀疑，而且还会怀疑生活的严肃性和真实性。

病例中曾记载过这样的孩子：他们在学校里不断发笑，貌似毫无缘由，在被问及原因时，他们承认说，他们认为学业不过是他们父母的一个玩笑，不值得认真对待！

自卑感的补偿：力求获得认可和优越地位

自卑感、不足感和不安全感决定着个体的存在目标。设法引人注目、迫使父母注意自己，这种倾向在生命刚开始的时候就已经表现出来了。在这种倾向中，我们发现，渐渐觉醒的想要获得认可的愿望初露苗头。它伴随着自卑感而来，深受其影响，它的目的是实现这个目标：使个体看起来优于他所处的环境。

社会感的程度和质量帮助个体确定了这样的支配目标。不将个体的支配目标和他的社会感量级做个比较，我们就无法对他进行评判，无论这个个体是儿童还是成人。这个目标被设定成这个样子，从而该目标的实现要么能使个体获得一丝优越感，要么能使个体得到提升，使个体的存活显得有价值。正是这个目标使我们的知觉有了价值，它联系并协调着我们的情感，塑造着我们的想象力，指引着我们的创造力，决定着我们该记住什么、必须忘记什么。我们能够意识到，知觉、情绪、情感和想象的值是相对而言的，它们甚至都不是绝对的量。我们所追求的目标影响着我们精神活动中的这些要素，我们的感知也受这个目标的影响，而且可以说，我们产生的这些感知，都是在个体竭力追求的终极目标的隐秘暗示下被挑选出来的。

我们根据一个固定的点给自己定位，这个点是我们人为创造出来的，它实际上并不存在，只是一种虚构。这种假定之所以必要，是因为我们精神生活中存在不足感。它跟其他科学中使用的其他虚构很相似，比如用并不存在却非常有用的子午线来划分地球。在心理虚构中，我们不得不这样做：假定一个固定的点，虽然仔细观察之后我们就不得不承认，这个点其实并不存在。这一假设的目的仅仅是为了我们能在生存的混乱中确定自己的方位，这样我们才能对相对价值有所认识。这样做的好处在于，在假设了这个点之后，我们可以根据这个固定的点对每一种知觉、每一种情感进行分类。

因此，个体心理学为自己创立了一套启发式的体系和方法：关注人类行为，将它理解为一个终极关系集合体——这些关系是在机体基本遗传潜能的基础上，在竭力想要实现某个确定目标的影响下产生的。然而，我们的经验表明，为某个目标而努力，这个假定不仅仅是一种便利的虚构。它跟它的基本法则中的实际事实之间在很大程度上都是相吻合的，无论这些事实是意识生活还是无意识生活中的事实。对某个目标的努力争取，即精神生活的目的性，不仅是一种哲学假设，而且实际上是一个基本事实。

当我们探询我们如何能最有力地抵制个人权力追求（这是我们文明中最大的罪恶）的发展时，我们会面临一个困难，因为这种追求始于我们完全无法了解的孩童时期。我们只能在人生中很晚的时候才开始努力扭转并消除它。但是，在这个时期，与孩子生活在一起确实能给我们提供一个机会来发展他们的社会感，从而将个人权力追求变成一种可以忽略的因素。

进一步的困难在于，孩子并不会公开地表达他们对权力的追求，而是会用慷慨和温情做掩饰，在面纱之后开展自己的活动。羞怯之下，他们希望以这种方式避免泄露自己的心思。毫无顾忌地争取个人权力会使孩子的精神发展退化，对安全和权力的过分追求可以变勇气为厚颜无耻，变服从为懦弱，变温情为为了控制世界而做出的诡秘背叛。每种自然情感或感情最终都会带上一个伪善的事后想法，这个事后想法的最终目的是征服周围的一切。

教育希望弥补孩子的不安全感，它借助这种有意或无意的热望对孩子施加影响，它教会他生活技巧，赋予他理解世界的独特视角，使他建立对他人的社会感。所有这些措施，无论源自何处，都是帮助成长中的孩子摆脱不安全感和自卑感的方法。在这一过程中，孩子的心理中究竟发生了什么，我们必须根据他培养出来的性格特征来判断，因为这些是他心理活动的镜子。孩子的实际劣势虽然对他的精神状况而言非常重要，但不是衡量他的不安全感和自卑感的标准，因为这些感觉主要取决于他对它们的解读。

我们不能指望孩子能在任何特定境遇中对自己做出正确的估量，甚至成人都做不到这一点！正是在这个时候，困难急剧增加。有的孩子成长中的境遇可能非常复杂，以至于在判断自己的自卑程度时会不可避免地出现错误。有的孩子则可能会更好地理解自己的境遇。但大体上来说，孩子对自己的自卑感的理解会随着时间变化而变化，直至固定下来，并作为明确的自我评价表现出来，这会成为孩子保持的自我评价中的一个“常量”，存在于孩子的所有行为中。根据这一成型的准则或“自我评价常量”，孩子创造出来以引导自己走出自卑的补偿倾向将会指向这个或那个目标。

> 在自卑感的压力之下，或者在个体觉得自己很渺小、很没用的压力之下，会竭尽全力控制这种自卑情结。

精神试图通过努力补偿来抵消令人饱受折磨的自卑感，

这种现象存在于有机界中。一个众所周知的事实是，我们身体中那些生命必需的器官，在因为受损而致使其生产能力低于正常状态时，会出现增生或功能强化。因此，在出现循环不畅时，心脏似乎会从全身汲取能量，它也许会变大，直至比正常心脏更强大。同样地，我们的精神，在自卑感的压力之下，或者在个体觉得自己很渺小、很没用这种磨人想法的压力之下，会竭尽全力控制这种自卑情结。

当自卑感强烈到如此地步，以至于孩子担心自己的弱势永远无法得到补偿时，危险就会出现。这种危险就是，在竭力寻求补偿的过程中，他会不再简单地满足于权力恢复，会要求过度补偿，追求超额的权力！

对权力和支配地位的追求也许会达到非常夸张和强烈以至于不得不称其为病态的地步。此时，人绝不会再满足于生活中普通的关系。在此情形下的各种运动往往都带着点夸张色彩。它们与他们的目标很相配。在研究病态的用权冲动时，我们发现，试图通过超乎寻常的努力保障自己在生活中的身份地位的个体，更急不可耐，更有强烈的冲动，更不为他人考虑。这些孩子的行为更引人注目，因为他们在追求过度的支配目标的过程中举动很夸张，他们攻击他人的生活，这种攻击使他们必须保卫自己的生活。他们与世界对抗，于是世界也与他们对抗。

这种最糟糕的情况不一定会发生。有些孩子争取权力时并非蓄意要与社会发生直接冲突，而且他们的野心也并没有表现出什么不正常的特征。然而，如果我们仔细研究他们的活动和他们取得的成就，我们就会发现，整体上来说，社会并没有因为他们的成功而受益，因为他们的野心是自私的野心。他们的野心使他们成为别人路上的干扰分子。渐渐地，其他特征也会出现。如果从整个人类关系来勘察的话，这些特征会呈现出越来越明显的反社会色彩。

在这种种表现中，活跃在最中心的是骄傲、虚荣以及不计一切代价征服他人的欲望。后者可能通过个体的相对提升或贬低所有与之接触的人实现。在后一种情形下，重要的是将他和他人分离开来的“距离”。他的态度不仅令环境不悦，而且也令他自己不悦，因为这态度不断地使他触及生活中的黑暗面，使他无法享受任何生之乐趣。

孩子希望用权力来确保他们在环境中的影响力，对权力的渴望很快会驱使他们对日常生活中的普通工作和职责采取抗拒的态度。拿这种渴望权力的个体与理想的社会人做个比较，我们就能具体说出该个体的社会指数，即他与其他人的疏离程度。对人性有着敏锐判断力的人关注生理缺陷和自卑感的重要性，然而他也知道，如果不是精神进化过程中遇到过的那些困难，就不可能形成这样的性格特征。

精神的固有发展过程中可能会出现困难，承认这些困难的重要性，在此基础上，我们才会对人性具有真正的了解。只要我们的社会感得到了彻底的发展，我们对人性的这种了解就不会成为害人的工具。我们只会用这种知识来帮助我们的同类。对于有身体缺陷的人或具有某种令人不悦的性格特征的人，我们不该因为他们表现出来的愤怒责备他们。错不在他。事实上，我们必须承认他有权利因为上述局限而感到愤怒，而且，我们必须意识到，对于他的处境，我们其实也负有一定责任。我们之所以负有责任，是因为我们对制造出这种愤怒的可悲社会境况不够警惕。如果我们坚持这一立场，我们最终会使这种情况有所改善。

我们不应把这样的个体看作卑贱、毫无价值的边缘人，而应将其看成是我们的同胞；我们应该为他创造一种氛围，让他感到自己有可能与周围的其他人平等相处。设想一下一个身体有明显缺陷的人出现在你的面前，会给你带来多大程度的不快！这是衡量你需要多少教育的一个很好的标尺，这种教育能使你对社会价值做出绝对公正的理解和判断，并能使你与社会感的实质融洽无间，进而我们还可以评判，我们的文明在多大程度上应归功于这些个体。

不言而喻，那些有先天性身体缺陷的个体，从人生之初就会感到一种额外的生存负担，并因此会发现自己对人生很悲观。由于这样或那样的原因而产生了强烈自卑感的孩子，虽然身体缺陷并不那么明显，也会发现自己处于类似的境况中。自卑感可能会由于人为的原因变得如此强烈，以至于就好像这个孩子天生有严重残疾一样，会带来完全一样的结果。比如，在成长的关键时期，非常严厉的教育就可能会导致这样的不幸后果。人生早期时扎在他们肋下的那根“刺”会永远都在，他们所遭受的冷遇会阻止他们接近他们周围的其他人。于是他们相信自己就生活在一个缺乏爱和温情的世界里，觉得自己与这个世界完全没有任何共同的接触点。

举个例子。有一个病人非常引人注目，因为他不断地告诉我们他的责任感多么强烈，他的所有举动多么重要，他跟他妻子的关系非常糟糕。他俩将一切事件，无论巨细，都当成压倒对方的手段。争吵、指责、羞辱，在这个过程中，不可避免的结果是，两人越来越疏远。男方对他人——至少就对妻子和朋友而言——仅留的那一点点社会感，已经窒息在他对优势地位的追求中了。

我们从他的人生故事中了解到了以下事实：在 17 岁以前，他的身体发育不良。他的声音仍是小男孩的声音，他没有体毛，也没有长胡子，他是他们学校里面最矮小的学生之一。他今年 36 岁。现在从他的外貌上根本看不出他缺乏任何男性特征。造物主似乎追赶了上来，完成了在他 17 岁时没有做的一切。但是整整 8 年时间里，他饱受着发育不良带来的痛苦，那时，他不能确定造物主是否会弥补他的生理异常。在这整个时期，他饱受着自己将永远停留在“儿童”状态这个想法带来的折磨。

早在那个时候，他目前的性格特征就已经开始初露端倪。他的行为举止表现得好像他很重要，好像他的每个举动都具有举足轻重的意义。他的一举一动都在吸引别人的关注。随着时光流逝，他逐渐形成了今天我们在他身上看到的那些性格特征。在结婚之后，他一心想让他妻子觉得他比她想象的更伟大、更重要，而她则急于向他证明他对自己的价值判断是错的！在这种情况下，他们的婚姻甚至在他们订婚之初就显露出了破裂的迹象，这段婚姻关系无法顺利发展，而最终在一场社会动乱中结束。也就是在这个时候，这位病人来找医生——因为婚姻的破裂使他原本就饱受挫折的自尊心更加支离破碎。要想得到治愈，他首先必须从医生那里学会了解人性，他得学会理解自己在人生中所犯的错误。而这个错误，这种对个人缺陷的错误评价，在他来寻求治疗之前，一直影响着他的整个人生。

人生曲线图和宇宙观

在论证这些病例的时候，如果能将童年印记与病人现在主诉的实际情形之间的关系表示出来的话，往往会给我们带来很多方便。用类似于数学公式的曲线图来表示这种关系最为合适，连接两个点的一条线代表这样的一个方程式。如果能绘制出这种人生曲线图，即贯穿个体全部运动的精神曲线，我们将会在许多病例中取得成功。这条曲线的方程式就是个体自童年早期以来遵循的行为模式。也许有些读者会觉得，这样做过于简化了人的命运，并因而是对人的命运的一种轻视，或者会觉得我们有否认“人是自己人生的主人”的倾向，觉得我们否定了人的自由意志和判断力。就自由意志而言，这一指责很中肯。实际上，我们确实认为这种行为模式就是决定性的因素，虽然这种行为模式与童年处境之后的成年环境之间的关系也许在某些情况下会使这种行为模式发生一些变化。这种行为模式的终极结构也许会发生一些微小变化，但是它的基本内容、能量和意义会从童年早期开始保持不变。在诊察的时候，我们必须对童年最早期的个人历史进行探察，因为婴幼儿早期的印记标示着儿童的发展方向，而且标示着他在未来会对人生中的挑战做出怎样的反应。在对人生中的挑战做出反应时，孩子会动用他在以往生活中形成的所有心理可能性，他在婴幼儿早期感受到的会影响他对人生的态度，会以很原始的方式决定他的世界观和宇宙观。

人对待生活的态度自婴幼儿时期开始就不再改变，虽然在后期生活中，这种态度的表现形式会跟他们童年时期的态度表现截然不同。我们不应对此感到惊讶。因此，重要的是要把婴儿放进一种令他很难形成错误人生观念的关系中。在这一过程中，他的体力和身体抵抗力是一个重要因素。他的社会地位，以及他的教育者的性格特征也几乎同等重要。虽然人生初期，对生活的反应是自动的、无意的，但是在随后的人生中，典型的反应会根据某种特定的目的性发生变化。人生初期，个体基本需求中的要素决定着个体的痛苦和快乐，但是以后他会有能力避开并设法克服这些原始需求带来的压力。这种现象出现在自我发现时期，大约在孩子开始称自己为“我”的时期。也正是在这一时期，孩子已经意识到自己与环境之间的关系是固定的。这种关系绝不是中性的，因为它强迫孩子采取一种不同的态度，强迫他根据自己的世界观、幸福观和完整性观念提出的要求调整他的人际关系。

人对待生活的态度自婴幼儿时期开始就不再改变，虽然在后期生活中，这种态度的表现形式会跟他们童年时期的态度表现截然不同。

如果重申我们在论及人类精神生活的目的性时所说的话，我们就会越来越清晰地认识到，不可摧毁的统一性是这种行为模式的一个特殊标志。在有些病例中，我们可能会发现有些人表现出完全相左的精神倾向。在这些病例中，很明显，我们越来越有必要仅将人看作个性的统一体。有些孩子在学校和在家里时的行为截然相反，正如有些成年人的性格特征也会表现得如此矛盾，以至于我们会误解他们的真实性格。同样，两个个体的运动和表现也许从表面上看来一模一样，但是如果仔细研究他们的内在行为模式，我们就会发现他们其实完全不同。有时候两个个体似乎在做同一件事，但其实两个人所做的事情完全不同，而有时候两个个体似乎做的是不同的事情，但其实也许他们做的是同样的事情！

正因为存在许多种解读可能，所以我们永远不能将精神生活中的表现当作孤立现象来对待；相反，我们必须根据指引它们的那个统一目标来对它们进行评判。只有在知道了某个现象在个人生活的整个背景中的价值之后，我们才能了解它的本质意义。只有在我们确认了这条法则，即个人生活中的每种表现都是统一的行为模式中的一个方面时，我们才能理解此人的精神生活。

在最终理解了所有的人类行为都建立在“目标争取”的基础之上、明白了所有人类行为自始至终都受制于“目标争取”之后，我们才能理解哪里可能会出现重大错误。这些错误的源头在于，我们中的每个人都是根据自己的特定模式，从强化个人生活模式这个意义出发来利用自己的生理和心理资源的。这之所以可能，是因为我们从不检验，而只是接受、转化和吸收意识影响下产生的所有感知以及无意识深处的所有感知。唯有科学才能照亮这一进程，并使之可以为人理解，也只有科学才能最终改变它。我们将举个例子就这一点进行阐述，在这个例子中，我们将根据我们所学的个体心理学概念来分析并解释每一种现象。

一个年轻女性来看医生，她说自己难以抑制地对生活感到不满，她认为，这种不满来自这个事实：大量的、各种各样的职责每天占满了她所有的时间。从外表上看，我们可以看出她是个性情急躁的人，眼睛不停地转来转去，她说每当她必须完成某项简单的任务时，她就会感到非常不安。从她的家人和朋友那里我们得知，她把一切都看得很重，而且似乎快要被工作负担压垮了。我们得出的大体印象是，她是一个把一切都看得很重的人，许多人都有这种性格特征。她的一个家人的话给我们提供了线索，他说："她总是在一切事情上都大惊小怪、小题大做！"

将每一项简单的任务都看得特别困难、特别重要，我们可以试着想象一下这种行为会给周围的人或者婚姻关系造成怎样的影响，从而对这种倾向进行考察。我们忍不住会觉得，这样的倾向简直就是一种恳求，恳求周围的人不要再将其他任务加在她身上，因为她再也胜任不了哪怕最基本的工作。

然而我们对这位女士的性格的了解还不够充分。我们必须让她更进一步地袒露自己。在这样的诊察中，我们必须旁敲侧击、机敏谨慎。我们不能有控制病人的企图，因为这只会使她产生敌对情绪。在她有了信心、有了对话可能之后，我们渐渐得出了一个结论，她全身心地只关注一个目标。她的行为表明，她试图向某人表明（这个人可能是她丈夫），她无法再承担任何责任或义务，他必须小心、温情地对她。我们可以进一步推测和想象，这一切必定是从过去某个时间点上开始的，她以前肯定曾提出过这样的要求。我们成功地从她那里得到了确认，许多年前，她曾有一段时间特别渴望温情。现在我们能更好地理解她的行为了：这是她渴望得到体贴关心的愿望的一种强化，是她为了避免再次发生那种情况而做出的一种努力，避免再一次得不到她所渴望的温情和关爱。

她做出的进一步的解释确认了我们的这些发现。她讲起她的一个朋友，这位朋友在许多方面都跟她完全不同，她的婚姻很不幸福，一直想从中逃离。有一次她遇到了这位朋友，当时这位朋友站在那里，手里拿着一本书，用很厌烦的声音跟她丈夫说她真的不知道自己能否做那天的晚餐。这惹恼了她的丈夫，他用很尖刻的字眼对她整个人进行了攻击。对这件事，我们的患者补充道："想起这件事的时候，我就想我的方法要好得多。没有人可以以这种方式指责我，因为我从早到晚一直都在超负荷运转。在我家里，如果我没有及时做好午餐，没有人可以说我什么，因为我总是忙得不可开交。难道我现在要放弃这种方法吗？"

我们能明白她心里在想些什么。她努力想获得一种优势地位，以一种相对无害的方式，但同时又不会因为不停地恳求对方温情以待而受到责备。由于这种方法取得了成功，因此要求她放弃这种方法似乎有点不合情理，但是她之所以有这种行为，原因不止在于这一个方面。她对温情的诉求（同时也是支配他人的一种努力）会越来越强烈，由此会产生各种矛盾。假如家里丢了什么，她就会庸人自扰；随后，因为有那么多事务要做，她会不断地遭受头疼带来的痛苦，而且她会永远无法安睡，因为她必须将自己的一切活动安排得井井有条。收到一封请柬对她来说就是一件大事儿。要接受这个邀请，是需要做大量准备的。由于最微小的活动对她来说都是不同寻常的大事，所以到别人家做客就更是一件需要花数小时甚至数天才能完成的大工程。我们可以肯定地预测，她要么会因为不能前往而向对方表示歉意，要么至少会迟到。这样的人，他们生活中的社会感绝不会超过某种限度。

在婚姻生活中，有许多人际关系会由于这种对温情的诉求而具有某种特殊的意义。比如，可以想得到的是，丈夫因为忙于工作而不能在家，或者必须单独出门访客，或者必须参与他所属的圈子里的聚会。在这些时候，如果他留妻子单独在家，这是否也是缺乏温情和爱呢？最初我们也许会说（这常常也是事实），因为已婚，丈夫应该尽可能多地待在家里。这种义务虽然从某种程度上来说看起来令人愉快，但其实对任何有职业的男人来说，都特别难以做到。在这样的情形下，将不可避免地出现不和谐，在我们这个病例中，这种不和谐很快就出现了。丈夫有时候试图很晚才上床睡觉，以免打扰到妻子，结果却吃惊地发现她还醒着，迎接他的是责备的目光。

在此我们不必去想象所有这类众所周知的情形。我们也不应该忽略这样一个事实，我们现在讨论的不只是女人的小把戏，因为许多男人也有类似的倾向。我们只想表明，要求得到特殊关爱这一诉求有时候可能会以不同的方式表达出来。在我们这个病例中，会出现以下情形：如果有时候丈夫必须晚上外出，妻子会跟他说，因为他很少出入社交场合，所以他不应该回家太早。虽然她说这话的时候语调是玩笑式的，但是认真的。表面上来看，这似乎否定了我们之前的印象，但是进一步观察之后，我们就能看出这之间的联系。做妻子的很聪明，没有表现出对丈夫管束过严的样子。从外表上来看，她妩媚迷人，性格上也没有什么缺点，只是她的心理活动令我们很感兴趣。她对丈夫说的那句话的真正含义在于，那是妻子发出的最后通牒。现在既然她已经批准了，准许他在外面待到很晚，然而如果他出于个人理由而真的离开，她会感觉深受伤害、备受冷落。她的话给整个局面蒙上了一层面纱。她成了发号施令者，而她的丈夫，虽然只是在履行自己的社会义务，却要根据妻子的愿望和意志行事。

> **永远保持自己在自己的小环境中的中心地位，这种冲动一直驱策着她。当她必须找一个新女佣时，她异常激动。她在担心自己是否能像控制以前那位女佣一样控制这个新佣人。**

现在，让我们将这种对特殊温情的渴求和我们新得出的印象（即这位女士只有在自己能发号施令时，才能忍受某种情形）联系到一起来看看。我们突然意识到，在这一生中，不做第二把手、永远维护自己的控制地位、绝不让任何责备将她从自己的安全港湾中挤出、永远保持自己在自己的小环境中的中心地位，这种冲动一直驱策着她。我们会在她所处的每一种情形中发现这一点。比如，当她必须找一个新女佣时，她异常激动。很明显，她在担心自己是否能像控制以前那位女佣一样控制这个新佣人。同样地，当她打算离开家出去散步时，她要离开这个绝对受她控制的地带，进入这个世界中，走到大街上去，突然，一切都不受她控制了。在这里，她必须避开每一辆汽车，她实际上在这里扮演着一个非常顺从的角色。一旦理解了她在家里实施的专制，她紧张的缘由和意图就非常清楚了。

这些性格特征也许常常会以如此令人愉悦的方式表现出来，以至于乍看之下我们根本想不到这个人正在经受折磨。另外，这种折磨有时候会达到极高的程度。想象一下这种紧张经过夸张、放大后的情形吧。有些人害怕乘坐公共汽车，因为在公共汽车上，他们不再是自己意志的主人，有时候这种害怕会发展到如此地步，以至于他们到最后根本不能离开自己的家。

对这个病例进行进一步考察，我们还会发现一个富有启发性的例子，那就是童年印记对个体生活的影响。我们无法否认，这位女士，从她自己的立场来看，是完全正确的。如果一个人的心理倾向，以及他的全部生活，都以闻所未闻的强度指向获取温暖、尊重、荣誉以及温情，那么表现出一副总是负荷过重、筋疲力尽的样子也不失为实现这一目标的好办法。没有其他办法能使她总是避开批评，同时还能强迫周围的人对她温柔以待，并避开一切可能会对摇摆不定的精神平静产生干扰的事物。

如果再往前追溯这位病人的生活历程，我们就会发现，甚至在上学期间，每当不会做家庭作业时，她都会变得特别激动，以这种方式逼迫她的老师对她温和相待。关于这一点，她补充说，她是家里三个孩子中的老大，下面是一个弟弟和一个妹妹。她跟她的弟弟总是争斗不断。因为在她看来，弟弟总是受偏爱的那个。她特别生气的是，大家总是更关注弟弟的学业，而对她的学业成就（她原本是个好学生）却漠然视之。最后她再也受不了了，开始不停地抱怨为什么她的成绩得不到同等的重视。

由此我们可以理解，这个小姑娘在努力争取平等，从童年早期开始，她已经有了自卑感，她一直试图克服它。她在学校所做的补偿是成为一名差生。她尝试通过糟糕的学习成绩单压倒弟弟！这不是什么高尚的做法，但是她幼稚地认为这么做合情合理，因为这样的话她父母的注意力就会更多地转移到她身上。她的一些小伎俩一定是有意为之，因为她非常清楚地表明，她想成为一名坏学生！

然而，她的父母并没有为她的成绩差而表现出一丁点的苦恼。就在这时，发生了一件耐人寻味的事情。她的学习突然有了显著提高，因为现在她的小妹妹以一种新角色登场了！这个妹妹成绩也不好，但是她母亲表现出了跟对她弟弟一样的强烈的担忧。这其中的特殊原因在于，这位病人只是学习成绩不好，但是她的妹妹是品行成绩都不好。因此，妹妹能够轻易地吸引母亲的注意力，因为跟单单是学习成绩差相比，品行差具有完全不同的社会影响。这种情况更为紧急，父母不得不对其投入更多关注。

争取平等的战斗就这样暂时失败了。但争取平等的斗争失利绝不意味着永久的和平。没有哪个人能忍受这种状况。从此之后，我们将不断地发现促成她性格形成的新倾向和活动。我们现在能够更好地理解她的小题大做、她的始终慌张匆忙、她想要证明自己饱受压力的愿望了。原本这一切都是做给她母亲看的，她想迫使她父母像关注弟弟妹妹那样关注她；同时，这也是对她父母的一种责备，责怪他们对她比对其他孩子差。那是当时形成的基本态度，一直延续到了今天。

我们甚至还可以继续往前追溯她的生活经历。童年中有一件事她记得特别清楚，她想用一块木头去打刚出生的弟弟，由于她母亲的小心谨慎，她没有造成更大的伤害。当时她三岁。这个小小的女孩发现（甚至在那个时候），她之所以被忽略、不受重视，只是因为她是个女孩。她非常清楚地记得自己无数次地表达想要成为男孩的愿望。弟弟的出生不仅使她失去了家庭的温暖，而且还让她感到特别受辱，因为作为一个男孩，他的待遇比她曾经受过的待遇要好得多。在努力补偿这种缺陷的过程中，她偶然发现了一种方法，那就是始终表现出不堪重负的样子。

我们现在来对一个梦进行一番解析，从而看看这种行为模式在她的内心深处扎根有多深。这位女士梦见，她在家里跟她的丈夫交谈，但是她的丈夫看起来不像男人，倒像个女人。这个细节是一个象征，象征着她用以处理自己所有经历和人际关系的模式。这个梦意味着，她在丈夫那里找到了平等。他不再是如她弟弟那样的男性统治者，他已经像个女人了。他们之间没有地位上的高低之别。在她的梦里，她实现了自童年时期一直梦想的一切。

我们以这种方式成功地将一个人精神生活中的两个点连接在了一起。我们发现了她的生活方式、她的生活曲线以及她的行为模式。从这种发现中，我们可以获得一个统一的印象，这个统一的印象可以总结如下：在这里，我们面对的是一个通过友好手段努力获得控制地位的人。

Understanding
Human Nature

第 6 章

为生活所做的准备

所有的困难都会被克服，人类对幸福未来的希冀从未消退。

个体心理学的基本信条之一是，所有的精神现象都可以被理解为为了某个具体目标而做的准备。在前面已经描述过的精神生活的结构中，我们可以看到为了未来而不断做出的准备。在未来，个体的所有愿望好像都可以得到实现。这是一种普遍的人类经验，我们所有人都必然会经历这个过程。所有提及理想化未来的神话、传奇故事和英雄传说都与此有关。每个童话故事都是一个见证，证明人类对幸福未来的希冀从未消退。

游戏

在孩子的生活中，有一个重要现象，这一现象非常清楚地显示了人为未来做准备的过程。那就是游戏。我们不应将游戏看成父母或者教育者随意想出的主意，相反，我们应当将它们看成教育的辅助工具，以及促进孩子精神、幻想和生活技能发展的激励因素。我们在每个游戏中都能够看到为未来所做的准备。孩子做游戏的方式、他做出的选择以及他对这游戏的重视程度，表明了他对环境的态度、他与环境之间的关系，以及他与自己的同类之间的关系。他是充满敌意还是态度友好，特别是他是否有支配他人的倾向，都在他的游戏中显露无遗。通过观察一个孩子游戏，我们可以看出他对生活的整体态度。游戏对每个孩子而言都极为重要。发现这些事实的是教育学教授格罗斯（Gross），他在动物的游戏中发现了同样的倾向。这些事实使我们知道，我们应该将孩子的游戏看作他们为未来所做的准备。

但是，关于游戏的本质，单是将其理解成做准备还不足以囊括一切观点。最为重要的是，游戏是一种社会练习，使得孩子能够满足自己的社会感。逃避游戏和玩耍的孩子总令人怀疑他们是否能很好地适应生活。这些孩子自愿避开一切游戏，或者，如果将他们跟其他孩子一起拉到操场上，他们往往会扫了他人的兴致。骄傲、自卑以及随之而来的害怕扮演不好自己的角色是出现这种行为的主因。一般来说，观察孩子的游戏情景，我们就能非常确定地对孩子的社会感总量做出判断。

企图优于别人，这个目标是游戏中的另一个明显因素，它会在孩子试图做指挥者和统治者的倾向中显露出来。我们可以观察孩子如何在游戏中突出自己，观察他们对那些能给他们机会、使他们扮演主角的愿望得到满足的游戏的偏爱程度，从中发现这种倾向。几乎所有的游戏都至少包含以下因素中的其中一项：为生活做准备、发展社会感或者对支配权的争取。

然而，游戏中还有另一个因素，那就是孩子能否在一项游戏中表达自己。在游戏中，孩子或多或少都是在自己玩耍，他的表现受他与其他孩子之间的关系的刺激。有许多游戏尤其强调这种创造才能。在为某个未来职业做准备的过程中，那些有可能使孩子的创造精神得到锻炼的游戏尤为重要。在许多人的人生经历中，他们在童年时期给玩具娃娃做过衣服，后来为成年人做起了衣服。

玩耍与精神密不可分。可以说，它是一种职业，也必须被看成一种职业。因此，打断孩子的游戏并不是一件小事。我们绝不应该将游戏看成打发时间的一种方式。就为将来做准备这个目标而言，每个孩子身上都有他将要成为的那个成年人的某些特质。因此，在对某个个体进行评价时，在了解了他的童年之后，我们可以更容易地得出结论。

注意力和注意力分散

注意力是精神的特征之一，它在人类成就中至关重要。当我们用自己的感觉器官去关注我们身外或身内的某一个特别事件时，我们有一种特别的紧张感。这种紧张感并不会蔓延至全身，而是局限于某个单一的感觉器官，比如眼睛。我们会感到自己正在做某种准备。以眼睛为例，眼轴的方向使我们有了这种特别的紧张感。

如果专心使我们的精神或者运动组织中的某一个部分出现了特殊的紧张状态，那么其他紧张同时就会遭到排斥。于是，一旦我们想要专注于某个事物，我们就会想把其他干扰事物排斥在外。就精神而言，专注意味着一种情愿态度，愿意在我们自身和某个确定事实之间架起一道特殊的桥梁，意味着做好了冒犯的准备，这种冒犯出于我们的必需，或者出于某种不同寻常的情势——某种要求我们将全部力量指向某个特定目标的情势。

除了病人和精神发育迟缓者之外，每个人都有集中注意力的能力，但是注意力不集中的人也很常见。首先，疲劳或疾病是影响注意力集中的因素。其次，也有一些个体，他们之所以注意力不集中是由于他们不想集中，因为他们应注意的对象与他们的行为模式无法契合，在考虑与他们的行为方式密切相关的事情时，他们的注意力立刻就会觉醒过来。注意力缺失的进一步原因存在于对抗倾向中。孩子往往会轻易产生对抗的习惯，这样的孩子受到任何一种刺激时，回答都常常是“不”。公开这种对抗是很有必要的。对这样的孩子，将他必须要学的内容跟他的行为模式联结起来，使之以有趣的方式与他的行为方式联系起来，化解这些孩子的对抗，这是教育者和教育手段的职责所在。

有些人能看见、听见并感知每个变化，有些人则完全靠眼睛，还有些人完全靠自己的听觉器官。另外有些人什么都看不见，什么都注意不到，对任何视觉化的事物都毫无兴趣。我们也许会发现，某个人在个人状态与自己的最大利益休戚相关的时候都注意力不集中，这是因为他最敏感的感受器官没有被激活。

使注意力苏醒的最重要因素是对这个世界真正地产生浓厚的兴趣。跟注意力相比，兴趣处于更深的精神层面中。如果我们有兴趣，那么不用说，我们自然就会集中注意力；只要有兴趣在，教育者就无须担心注意力的问题。兴趣成了人们为了某个明确目标而掌握某一领域的知识的一个简单工具。

所有人在成长过程中都会犯错。当这样一些错误的态度在个体身上固定下来时，注意力同样也会被牵涉其中。于是，注意力就被指向对为人生做准备而言不太重要的事情上去。当兴趣指向个体自己的身体，或者指向个体自身的权力时，在有这些兴趣介入的地方，在要赢得什么东西的地方，或者在个体权力受到威胁的地方，个体的注意力就会集中。只要新的兴趣没有取代对权力的兴趣，注意力就永远不可能与身体外的事物建立联系。我们可以观察，孩子在是否被认可和被重视方面有疑问时，注意力立刻会集中起来。另外，当感到某事对他们而言“一点都不重要”时，他们的注意力很容易消失。

注意力缺失实际上意味着个体选择从某种境况中抽身，只不过他人认为这是他该关注的对象。因此，某某注意力不能集中这种说法是不正确的。我们可以轻易证明他注意力非常集中，只是总是集中在其他事情上而已。意志力缺失和精力缺失与缺乏集中能力很相似。在这种病例中，我们常常会发现表现在其他方面的坚强意志力和百折不挠的活力。治疗并不简单，我们只能试着改变个体的整个生活方式。在每个病例中，我们可以确定的是，我们面对的这种缺失出现的唯一原因是，患者在追求另一个目标。

注意力不集中常常会变成一种永久的性格特征。我们常常会遇到这样的个体，他们被派去做某项限制性工作，他们要么拒绝去做，要么完成了其中一部分，要么就是完全逃避，结果是他们常常成为他人的负担。他们持续不断的注意力不集中成了一种固定的性格特征，而一旦他们被要求必须去做某些事情，这种性格特征就会显露出来。

过失犯罪和健忘

我们通常所说的过失犯罪指的是，由于疏忽而没有采取必要的防范措施，从而威胁到了某个个体的安全和健康。过失犯罪这种现象说明了注意力的极度不集中。出现这样的注意力缺失，其根源在于对他人缺乏兴趣。我们可以观察孩子在游戏中是否有疏忽特性，从而确定这个孩子是只想着自己，还是他人的权益也在他们的考虑范围之内。这样的现象是衡量个体的社会意识和社会感的明确标准。如果社会感发展不足，那么个体就极难对他人有足够的兴趣，哪怕会因此有遭到惩罚的危险。然而，如果社会意识发展得很好的话，这种兴趣就不证自明了。

因此，过失犯罪是发展不完善的社会感，然而我们不能太过狭隘，以免忘了去调查为什么个体不像我们期望的那样，为什么对他人没有兴趣。

对注意力加以限制，就会产生遗忘，正如我们可以安排有价值的记忆的丢失一样。尽管有可能会产生更大的紧张，也就是说，兴趣，但这种兴趣也许会由于心情不悦而被强烈抑制，这样就会产生记忆丢失或者记忆中断，或者至少会因此容易出现这种现象。比如，孩子丢失课本，就属于这种情况。我们总是可以很容易证明，这是由于他们还没有习惯学校的环境。经常丢失或将钥匙放错地方的家庭主妇通常是那些对家庭主妇这个职业不太满意的人。健忘的人常常不愿公开反抗，然而对自己的任务缺乏兴趣，这一点通过他们的健忘表露了出来。

无意识

我们描述的常常是那些不知道自己的精神生活现象的意义的人。注意力集中的人也很少能立刻说出自己为什么会看到一切。某些精神机能并不存在于意识中。虽然我们可以有意识地强迫自己将注意力集中到某种程度，但是促使我们产生这种注意力的刺激物不在意识之中，而我们的兴趣则大部分也都处于无意识之域。无意识中的大部分内容都是精神生活的一个方面、一个重要因素。我们可以在无意识领域探寻并找到个人的行为模式。在他的意识生活中，我们得到的不过是有待处理的一个影像、一张底片。一个自负的女人大多数情况下对自己表现出来的自负毫无察觉，正相反，她的行为只会让人明显感到她的谦逊。了解一个人多么虚荣并无必要，事实上，就这个女人的目的而言，就算她知道自己很自负，也完全没有什么作用。因为如果她知道自己很自负，她就不可能再继续自负了。我们把自己的注意力转向某些不重要的或不相干的事情上，从而使自己看不到自己的自负，这样我们会获得一种戏剧化的安全感。这一切都是在暗中进行的。试图跟一个自负的人讨论他的自负，结果是你会发现你很难就这个话题讨论下去。他也许会表现出逃避这个话题的倾向，顾左而言他，以免使自己烦恼，这只会使我们更加确信自己的看法。他想玩弄一些小伎俩，但是当有人不经意间企图揭穿他的小把戏的时候，他会立刻做出防御的姿态。

我们也许可以把人分为两类：一类人对自己的无意识生活的了解多于常人；另一类人对此的了解少于常人。也就是说，根据他们的意识之域的大小进行分类。在很多病例中，我们会巧合地发现属于第二种类型的个体将注意力集中在很小的活动范围中，而属于第一类的个体，他们的注意力集中范围更广，他们对人、物、事件以及观点有浓厚的兴趣。而那些感觉自己被推入了绝境的人会自然地满足于生活中的一个小截面，因为他们对生活很陌生，不能像那些根据规则打“比赛”的人那样清楚地看到生活中的问题。在生活这场比赛中，他们是糟糕的“队友”。他们没有能力理解生活中更细微的事物。因为他们对生活兴趣有限，所以，由于害怕更广阔的视野会使他们丧失个人权力，因此对于生活中的问题，他们只能感知到其中微不足道的一部分。关于生活中的具体情况，我们常常会发现，个体对自己的生活能力一无所知，因为他低估了自己。我们还会发现，他对自己的缺点不够了解，他认为自己是个好人，然而事实上，他凡事只考虑个人利益；或者相反，他认为自己是个利己主义者，但更仔细的分析表明，他其实是个好人。你自己如何看待自己，以及别人如何看待你，这其实并不重要。重要的是你对人类社会的大体态度，因为这决定着每个个体的所有愿望、兴趣和活动。

我们下面要探讨的还是两种人。第一种是那些在生活中更为自觉的人，在面对生活中的问题时，他们眼前没有“障碍物”，态度更为客观。第二种人对生活的态度带有偏见，他们只看到生活中的一小部分。这种类型中的个体的行为和言辞往往不自觉地受到引导。两个这样的人生活在一起，往往会觉得生活中困难重重，因为其中一人总是反着来。这种事很常见。更为常见的是两个人都反着来。每一方都对对方一无所知，都觉得自己是对的，并凿凿有理地表明自己才是和平与和谐的捍卫者。然而，事实证明他所言不实。事实是，虽然他不可能对自己的伴侣说一句攻击的话，但他的话中旁敲侧击地带着攻击，虽然这种攻击从外表上来看并不明显。细察之下，我们会发现，在生活的方方面面中，他都带着一种敌对的、好战的态度。

人类自身中存在着一股始终起作用的力量，虽然他们对此一无所知。这些机能潜藏在无意识中，影响着他们的生活，有时还会在不经意间造成令人难以接受的苦果。陀思妥耶夫斯基（Dostoyevsky）在他的小说《白痴》（*The Idiot*）中对这种情况做过精彩的描述，这段描述令后来的心理学家为之称奇：在一次社交聚会上，一位贵妇人用嘲弄的口吻警告公爵（小说中的男主人公）别把他身边的那个昂贵的中国花瓶碰翻了。公爵向她保证说他会小心，但是几分钟之后，花瓶掉在了地上，摔得粉碎。在场的每个人都认为这不只是一场意外事故，每个人都觉得必然如此，相当符合公爵的整体性格，因为他觉得这位贵妇的话侮辱了他。

在对一个人做出判断时，我们不能仅被他的有意识的行为和表现操纵。在通常情况下，他思维和行为中无意识的小细节会使我们更好地了解他的真实本性。

> **在对一个人做出判断时，他思维和行为中无意识的小细节会使我们更好地了解他的真实本性。**

比如，有些人老是做些令人不快的动作，如啃指甲或挖鼻子等，他们不知道，这些行为暴露出的事实是，他们是顽固的人，因为他们不理解促使他们产生这些癖好的原因。然而，我们很清楚，他们小的时候一定因为这些行为而反复被斥责过。而如果他受到斥责仍然没改，那他一定是一个固执的人！如果我们更善于观察，那么通过观察这样无关紧要的细节（这些细节中反映着个体的一切），我们会就任何人得出非常深远的结论。

以下两个病例会向我们表明，无意识的活动停留在无意识中对精神系统而言是多么的重要。人类精神有管理意识的能力，也就是说，有能力将对精神运动而言必需的事物保留在意识中；反之亦然，它也有能力使某些事物停留在无意识中，或者使其不为意识所觉察，只要这样做有助于维护个体的行为模式。

第一个病例是关于一个年轻人的，他是家中的老大，下面还有一个妹妹。他母亲在他 10 岁的时候去世了，从那时起，他的父亲，一个非常聪敏、善良而且道德上毫无瑕疵的人，成了他们的教育者。这位父亲大部分精力都花在培养儿子的雄心、激励儿子成就大业上。这个男孩努力在班上成为佼佼者，出落得非常优秀，在道德品质和科学素养方面总是名列前茅。这让父亲非常开心，他从一开始就期望他能成为重要人物。

与此同时，这个年轻人也出现了一些令他父亲感到遗憾并竭力想要改变的性格特征。男孩子的妹妹成了他的顽固对手。她也出落得十分优秀，虽然她很喜欢用自己的柔弱做武器获得胜利，以碾压哥哥为代价提高自己的重要性。她在家务方面相当能干，这使得哥哥难以与她竞争。作为一个男孩子，他发现很难在家庭生活中获得他可以轻易在其他领域获得的认可和重视。父亲很快注意到儿子在社交方面很古怪，这种古怪随着青春期的到来变得越发明显。事实上，他根本没有任何社交。他对所有初识的人都充满敌意，而且如果这些初识之人是女孩子的话，他会一走了之。最初的时候，他父亲不觉得这有什么不对劲，但是随着时间的推移，这个男孩子的社会反应到了如此地步，以至于他几乎都不出门了，甚至出去散个步都让他不快，除非是在暮光沉沉之后。他变得如此封闭，以至于最后甚至拒绝跟以前的老熟人打招呼，虽然他对学业的态度以及对父亲的态度仍然无可指摘。

后来情况发展到没有人能让他出门的地步时，父亲带他去看医生。几次诊询就发现了出现这种困境的原因。这个男孩子认为，他的耳朵长得小，因此大家都觉得他长得丑。事实并非如此。医生否定了他的这种说法，告诉他说他的耳朵跟其他男孩子的耳朵没有任何区别，还告诉他说他是在以这个为借口避免跟其他人在一起，他又补充说他的牙齿和他的头发也不好看。情况也并非如此。

另外，我们可以很轻易地发现，他特别有雄心壮志。他很清楚自己的野心，也知道是他的父亲培养了他的这种性格特征，他的父亲不断地激励他要积极更积极，这样他才可能在生活中身居高位。他对未来的最大计划是，希望能在科学领域一统群雄。如果这种愿望没跟逃避对人类的所有责任、逃避对他人的所有责任这种倾向连在一起的话，倒也没有什么值得关注的地方。为什么这个孩子会用这样幼稚的理由做借口呢？如果这些借口正确，它们就会证明他这种谨慎和焦虑的生活态度是正确的，因为毫无疑问，一个丑陋的人在我们的文明中会遇到许多困难。

进一步的调查表明，这个男孩一直雄心勃勃地追逐着一个特定目标。以前他一直是班里的第一名，他想一直是第一名。要实现这样一个目标，他必须具备专心致志、刻苦勤奋等类似的特质。对他来说，这一切还不够。他试图将一切似乎非必要的事情都从自己的生活中剔除出去。他的种种表现似乎可以概括为：“既然我想要出名，既然我打算全身心地投入到科学事业中去，那我就必须排除一切不必要的社会关系。”

但是他既没这么说，也没这么想。相反，他抓住所谓的长相丑陋这类无关紧要的事儿为借口，并利用这个借口来达成自己的目的。夸大这个无关紧要的事实这件事在他的事务计划中变得重要起来，因为它可以使他堂而皇之地做他真正想做的事情。现在，他所有需要做的就是鼓起勇气假惺惺地为自己分辩，夸大自己的丑陋，好去追求自己那个隐秘的目标。假如他说他想像苦修的隐士那样生活，从而实现自己保持第一的目标，那么他的心思就会被一眼看穿。虽然无意识中，他一心想扮演主角的角色，但是他有意识地忽略自己的这个目标。

他从未想过冒着失去生活中其他一切的危险，来实现这唯一的目标。如果他将这一点带入自己的意识中，并公然地赌上生活中的一切以期成为一名科学巨人，他不太有把握自己能做到，但借口说自己很丑陋，不敢与人交往，则是他相对而言可以把握的事儿。此外，哪个人要是敢公开地说自己想永远做第一名，想永远做最出色的人，并愿意为了实现自己的目标牺牲掉所有的人际关系，周围的人肯定会觉得他荒唐可笑。因此，这是一种太过可怕的想法，一个人们连想都不敢想的想法。总有一些想法是我们不敢公开的，这既是为了他人，也是为了自己。正是由于这个原因，指引这个男孩子的生活的这个想法不得不停留在他的无意识中。

如果我们现在明确地向这样的人指出他们生活中的主要动机，并将他自身中一些他因为害怕失去自己的行为模式而不敢正视的倾向指给他看，我们就会扰乱他的整个精神体系。这个人一直以来拼命阻止、避免的事，就会成真！他无意识中的思维过程就会变得清晰透明！他以前不去想、不敢想的想法，那些一旦进入意识层面就会对整个行为模式产生干扰的倾向，就会赤裸裸地一览无余。这是一个普遍而符合人性的现象，每个人都会抓住并利用那些能为自己的意向辩护的想法，而拒绝那些可能会阻止自己继续前进的想法。人类只敢接受在他们看来对他们有价值的想法。那些对我们有益的想法会停留在我们的意识中，而那些会对我们的论据产生干扰的想法则会被我们推入无意识之境。

第二个病例是一个非常优秀的年轻人，他的父亲是一位教师，他不断地鞭策儿子要在班上力争第一。同样地，在这个病例中，在这个孩子的人生早期，是一系列的成功。他走到哪里都是成功者。他在自己的圈子中是极具魅力的人之一，而且有好几个亲密的朋友。

在他 18 岁那年，情况发生了巨大变化。他失去了生活的所有乐趣，他变得郁郁不乐、精神涣散，竭力想从社会中抽身。前脚和别人建立起友谊，后脚友谊就破裂。每个人都看出了他行为中存在的障碍，然而他的父亲却希望他这种自闭的生活能使他更认真地投身到学业中。

在治疗期间，这个男孩不停地抱怨，他说父亲剥夺了他人生中的所有乐趣，说自己既没有自信心，又没有勇气继续生活下去，说自己现在没什么事情可做，唯有在孤独中痛苦地打发余生。他在学业上的进步速度已经开始放缓，他在大学里开始挂科。他解释说他生活中的变故开始于一场社交聚会。在这次聚会上，他对现代文学的无知使他成了朋友取笑的对象。类似这样的经历出现了好几次，这使得他开始离群封闭，并使他孤立于社会之外。他坚持认为父亲应该为他遭遇的这些不幸负责，父子之间的关系日益恶化。

这两个病例在许多方面都很相似。在第一个病例中，我们的病人由于来自妹妹的阻力而崩溃，而在第二个病例中，让病人崩溃的是他对有过错的父亲所持的敌对态度。两位病人都受着我们所熟悉的所谓的“英雄主义理想”思想的推动。他们两个都如此沉醉在自己的英雄主义理想中，以至失去了与生活之间的一切联系，灰心丧气，一心想彻底从这场斗争中抽身而退。但我们不相信第二个男孩会对自己说：“既然我无法继续这种英雄般的存在，那么我将从生活中退出，在痛苦中了此一生！”

没错，他的父亲有错，他的教育方法很糟糕。但是相当明显的是，这个男孩眼睛只盯着自己所受的糟糕的教育，不断地抱怨这种教育，因为他想为自己的退缩找一个正当理由。他认为，他所受的教育如此糟糕，从社会中退缩是解决他面对的问题的唯一解决方法。这样一来，他就不会再置自己于挫败之境，就可以把所有的不幸都归罪到父亲头上了。只有这样，他才能为自己挽回一点自尊，才能满足自己想要出人头地的理想。他有一个光辉的过去，他未来的成功之所以受阻，关键原因在于他的父亲，因为他糟糕的教育妨碍着他，使他不能继续发展、取得更辉煌的成就。

在某种意义上，我们可以说，在他的头脑中，有这样一系列想法存在于他的无意识之中：“既然我现在已经站在了人生火线的前沿，既然我现在已经意识到始终保持第一已经不像以往那样容易，那么我要尽一切努力从生活中完全撤出。”然而这样的想法显然是令人匪夷所思的。没有人会说这样的话，但是他可以这样做，就好像他已经把这种想法植入了心中一样。这需要通过进一步的辩解才能完成，还需要通过全身心地忙着指摘父亲在教育上的错误。他成功地避开了社会，避开了人生中一切必须做出的决定。假如这些想法进入他的意识之中，那么他那些秘密的行为就必然会受到干扰。因此，这些想法停留在无意识之中。这样一个有着如此辉煌过去的人，谁能说他没有天分呢？确实，现在，如果他不再取得新的成功，谁也没法责备他！毕竟他父亲的那种教育带来的恶劣影响是无可回避的。这个儿子本人同时兼任着法官、原告、被告三种角色。难道他现在要放弃这种有利地位吗？他太清楚了，只要他愿意，只要他动一动自己手中握着的控制杆，他父亲就只能站在审判台上。

梦

长久以来，人们一直认为，我们可以从个体的梦中得出关于他的整体人格的结论。与歌德同时代的利希滕贝格（Lichtenberg）曾说过，从一个人的梦中比从他的行为和言辞中更能看出一个人的性格及本质。这种说法有点言过其实了。我们的观点是，在利用精神生活中的某个单一现象时，我们必须万分小心，必须跟其他现象联系在一起运用。因此，根据一个人的梦对他的性格做出判断时，我们只能在能从他的其他性格特征中找到额外的佐证时，才可以得出结论。

对梦进行解释可以追溯到史前时代。对文化发展史上的各个时期进行研究，尤其是对那些在神话和英雄传奇中可以得到佐证的时期进行研究，我们会得出这样的结论，即过去时代中的人远比我们当今的人更关注对梦的解释。我们还发现，就对梦的理解而言，那些时代中的普通民众远比我们当今时代的普通人理解得更透彻。我们只需回忆一下梦在古希腊人的生活中扮演的重大角色，或者回忆一下西塞罗（Cicero）写的关于梦的那本书，或者回想一下《圣经》中讲述的许多个梦，就能证实这一点。当然还有更多的例子。《圣经》中的梦要么被做出了清晰的解释，要么从描述这些梦的口吻来看，好像它们不言自明，每个人都能够正确地解释它们、正确地理解它们一样。约瑟夫讲给自己兄弟们听的那个关于麦穗的梦，就属于这种情况。从起源于另一种完全不同的文化的尼伯龙根传说中，我们可以发现，梦被用作证据。

如果我们忙着把梦当成接近和了解人类精神的手段，我们将无法从那些试图从梦和对梦的解释中寻求奇异的超自然影响的观察者的角度看出问题所在。只有当其他影响深远的观察能使我们的主张得到证实或强化时，我们才可以依赖梦给我们提供的证据。

相信梦对未来有特殊的意义，这种看法至今还存在。有些空想主义者甚至发展到让梦影响到自己的地步。我们有一个病人就是如此。他自欺欺人地回避一切体面的职业，沉溺在证券交易所中进行的投机冒险中。他总是根据自己所做的梦进行投机。他还收集了以往的证据来证明，每当他不按自己的梦来行事时，他就会走背运。没错，他梦见的全是他醒着时全神贯注关注的事情。

可以说，他就这样在梦里自我恭维，而且，在相当长的一段时间里，声称自己在梦的影响下赚了很多。过了一段时间之后，他又说他认为自己的梦没有任何价值。说这话时，他好像是把自己的钱赔光了。由于就算没有梦的影响，这种事在股票市场上常有发生，所以我们在这里看不出有什么奇迹在起作用。对某种特定工作有强烈兴趣的人，甚至在夜里也会迫切地想要解决这个问题。有些人压根儿不睡，醒着的每一刻里都在思考自己的问题，还有些人倒是会去睡觉，但是在梦里也忙着自己的计划。

这种在我们睡眠中占据我们思想的特殊现象，不过是连接昨天和明天之间的一个“桥梁”而已。如果我们知道了某个个体对生活的总体态度，知道了他如何连接“现在”与“那时”，我们一般也就能够理解他梦中的“桥梁结构”的特性，能够从中得出确凿的结论。换句话说，个体对生活的总体态度是一切梦的基础。

一位年轻女士做了下面这样一个梦：她梦到她的丈夫忘了她们的结婚纪念日，她为此责备了他。这个梦可能有多种意味。如果现实中确有其事，那么我们可以立刻通过这个梦明白，他们的婚姻出了问题，妻子觉得自己被忽略了。然而她解释说，她也把结婚纪念日给忘了，但是她最终想了起来，而她的丈夫是在经她提醒之后才想起来的。她是其中“更好的那一半”。进一步询问之后，她说其实之前从没有发生过这样的事情，说她的丈夫一直都记得他们的结婚纪念日。因此，从这个梦中我们看出，她有杞人忧天的倾向：总担心这样的事情可能会发生。我们还可以进一步得出结论：她总得指责别人，总爱拿捕风捉影的事做文章，总爱为可能会发生的事挑剔自己的丈夫。

如果没有其他的证据可以为此提供佐证，那么我们就仍不能对这种解释有十足的把握。在被问及她最早的童年记忆时，这位女士讲述了一件一直留存在她记忆中的事。在她三岁的时候，她的姑母送了她一把木雕的调羹，她非常引以为傲。但是有一次，当她在玩这把调羹的时候，它掉到了一条小河里，随着水流漂走了。她为这个事件难过了许多天，难过到了令周围的人都深表关切的地步。

那个梦也许会令我们觉得，她现在又在想那种可能：她的婚姻也许也会从她身边漂走。假如她丈夫真的忘了他们的结婚纪念日呢？

还有一次，她梦到她丈夫带她上了一座高楼，楼梯变得越来越陡。一想到自己可能爬得太高了，她就感到眩晕起来。一阵焦虑向她袭来，她晕了过去。人们在醒着的时候也许会有类似的感觉，尤其是当人站在高处感到眩晕的时候，在这个时候，对深度的恐惧多于对高度的恐惧。将第二个梦和第一个梦联系起来，融为一体，那么这两个梦背后的想法、感受和内容会使我们有这样一个清晰的印象：这位女士担心自己会摔下去，她害怕自己会遭遇伤害或不幸。我们可以想象，这种不幸也许指的是，她丈夫对她的感情的消减，或者类似的事情。如果她的丈夫在某些方面与她不合了呢？如果他们的婚姻生活被扰乱了呢？他们可能会吵闹，可能会打架，妻子可能会像死了一样晕过去。这样的事情在一次家庭争吵中切实发生过一次！

现在我们离那个梦的含义更近了一步。这些梦中的思想和情感内容究竟是通过什么样的材料表达出来的，或者说这些梦用了什么样的工具来表达这些内容，这都完全无足轻重，只要这些材料有用、只要确定其中有所表达就行。在梦中，个人的生活问题是通过明喻表达出来的。就好像她说，“不要爬得太高，这样才不会摔得太狠！”我们最好来回忆一下歌德在《婚礼之歌》(*Marriage Song*) 中对一个梦的再现。一位骑士从乡村返回家园，发现自己的城堡中空无一人。他疲惫地倒在床上，梦见一些小矮人从他的窗下走出，他发现这些小矮人在举行一场婚礼仪式。这个梦让他开心不已。这个梦揭示了他心中要找一个女人的需求。他在小矮人身上看到的这一幕后来在他庆祝自己的婚礼时真实地发生了。

> 在梦中，个人的生活问题是通过明喻表达出来的。

我们在这个梦里发现了许多众所周知的东西。首先，其中隐藏着诗人对自己婚姻的向往。我们可以进一步地发现，这个做梦的骑士，他的绝对需求中体现了它对自己当前生活状况的态度。这种状况使他需要婚姻。他在梦中思索着婚姻问题，然后在第二天，他决定，如果自己也结婚的话，处境就会变好。

现在我们来看一个 28 岁的男子所做的一个梦。这个梦的运动轨迹就像人发烧时不断升降的温度曲线一样，非常清楚地标出了这个男子生活中的精神运动。我们从中轻易地看出了自卑感，从这种自卑感中产生了争取权力、争取支配权的倾向和努力。他讲述道：“我和一大群人一起进行一次短途旅行。我们必须在中途一个站点下船，因为我们旅行所用的那条船太小了，而且我们必须在这个小镇上过夜。夜间，消息传来说那条船正在下沉，所有参与旅行的人都被叫去用泵抽水，以阻止船下沉。我想起我的行李中有一些值钱的东西，于是迅速冲上了船。所有的人都已经拿起水泵在干活了。我设法逃开了这个活，去寻找行李舱。我成功地从窗户那里够到了我的背包，就在这时，我发现我的背包旁有一个我非常喜欢的铅笔刀，我把这铅笔刀放进了我的背包。这时，船越来越往下沉，我和一个熟人一起跳下了船。我们跳到了海里，然后到了岸上。由于码头太高，我们只好沿着岸边漫无目的地走，最后来到了一个陡峭的悬崖上，我必须从这个悬崖上下去。我滑了下去。自从离开船后我就再也没见过我的同伴。我滑得越来越快，我担心自己会死。最后，我到了悬崖底，正好落在一个熟人面前。我原本不认识他，我认识他的时候他正在参加一场罢工，当时他安静地和其他罢工者一起行动，他对我友善亲切。他用责备的语气跟我打招呼，好像他知道我在危难中置其他人于不顾。‘你在这儿干什么？’他问道。我试图逃离这个深渊。这里周围全是陡峭的悬崖，几条绳子从悬崖上面垂下来。我不敢用这些绳子，因为它们太细了。我一次次地试图从这深渊中爬出去，但总是又滑落回去。最后我终于到了悬崖顶上，但是我不知道自己是如何到达那里的。我感觉好像我是故意不想梦到这一部分梦境似的，好像我想不耐烦地跳过这一部分似的。在深渊边上，在悬崖顶部，有一条路，靠近深渊那一边被篱笆保护起来了。人们从这里走过，友好地跟我打招呼。”

追溯这个做梦者过去的生活，我们听到的第一件事是，他五岁前大病不断，而且五岁之后也经常生病。由于他体弱多病，他的父母亲小心而焦虑地守护着他。他与其他孩子交往很少。当他想跟成年人交往时，他的父母总是跟他说，小孩子应该在大人能看得见的地方，不应该多说话，还说小孩子不应和成年人在一起。他因此在年龄很小的时候就找不到与他人之间的接触点，而这些接触点对社会生活而言是必需的。他一直只与自己的父母有联系。这带来的进一步的后果是，他始终远远地落在同龄人之后，怎么也追不上。我们毫不惊讶地听说，他还被认为是同龄人中最愚笨的那个，并很快成了他们嘲笑的对象。这种情况也成了他交朋友时的另一个障碍。

以上种种情况使他的自卑感强烈到无以复加。他的教育由他那本意良好但性情暴躁、军事化的父亲以及他软弱、不善解人意而又非常专横的母亲全权负责。虽然他的父母亲不断重申他们的良苦用心，但是他所接受的教育一定非常严格。在这个过程中，他的沮丧气馁也起了相当重要的作用。有一件非常重要的事件一直留存在他最早的童年记忆中。当时他只有三岁，他的母亲让他在一堆豌豆上跪了半个小时。罚跪的原因是他不听话，而不听话的原因他母亲非常清楚，因为他已经告诉了她。他害怕一个马夫，因此拒绝为母亲跑腿办一件事。事实上，他很少挨打，但一旦挨打，往往是被父母拿着一条有很多须条的打狗鞭抽，而且被打之后，还必须恳求宽恕，并说明自己挨打的原因。"这个孩子应该知道，"他父亲说，"他的行为到底不端在哪里。"有一次他无端挨了打，然后因为挨打之后说不出自己为什么挨打，于是又被打了一顿，事实上，他一直被打到承认了一些不端行为才算完。

从童年早期开始，他就一直对父母怀着一种好斗的态度。他的自卑感强烈到了甚至自己都不相信自己优秀的地步。他的学校生活也跟家庭生活一样，由一连串大大小小的挫败构成。在学校里，一直到 18 岁为止，他总是别人嘲笑的对象。有一次他甚至被老师嘲笑，老师大声朗读了他写的一篇糟糕的文章，一边读一边嘲笑。

这些事件中的每个人都迫使他越来越孤立，他早晚会开始主动从这个世界中隐退。在同父母的斗争中，他偶然发现了一种非常有效然而代价高昂的进攻方法。那就是，拒绝开口说话，他用这个姿态松开了紧紧地将他与外部世界连接在一起的最重要的挂钩。由于他不能跟任何人说话，所以他完完全全成了遁世者。他被所有人误解，不跟任何人交谈，尤其是不跟他的父母交谈。最终没有人跟他说话了。每个试图融入社会的尝试都以痛苦告终，正如他在后来人生中每次试图建立恋爱关系都以失败告终一样。这令他痛苦万分。这就是他 28 岁以前的人生经历。弥漫在他整个精神中的深刻的自卑情结引起了一种毫无缘由的雄心壮志，一种不可遏制的对出人头地、受人重视的追求。这种雄心和追求无休止地扭曲着他对人际关系的感受。他话说得越少，他的精神生活中就越日日夜夜地充斥着各种胜利成功的梦想。

> 每个人都迫使他越来越孤立，他早晚会开始主动从这个世界中隐退。于是，一天夜里，他就做了那个梦，在那个梦里，我们清楚地看到了与他的精神生活发展相一致的行动及行为模式。

于是，一天夜里，他就做了我们上文中讲述的那个梦，在那个梦里，我们清楚地看到了与他的精神生活发展相一致的行动及行为模式。最后，我们来回忆一下西塞罗曾讲述过的一个梦，这是文学史上最著名的预言梦之一。

诗人西摩尼得斯（Simonides）有一次在街上发现了一具身份不明的尸体，他把这具尸体体体面面地下了葬。后来有一次，在他打算海上出行之前，这个死者的鬼魂警告他说，如果他踏上这旅程，他就会遭遇海难。西摩尼得斯于是没去，而其他去了的人全都遇难了。据说，这个与梦有关的沉船事件在以后的几百年里给所有人都留下了非同寻常的深刻印象。

如果我们想解释这件事，我们必须先明白，在那个时代，船只失事是常有的事儿。我们还要明白，正是由于这个原因，许多人都曾在出海前夕梦到船只失事。同时，我们还要知道，在这诸多的梦中，这个特殊的梦显示了梦境与现实之间的特殊巧合，而这个巧合因为非常引人注目，所以一直流传于后世。可以理解的是，那些喜欢挖掘神秘关系的人对这类故事有特殊的爱好，然而我们非常冷静、清醒地将这个梦解释如下：因为相当在意自己的身体安康，所以我们的诗人很可能压根就对这趟旅行没有什么强烈愿望。而随着决定是否要成行的时刻越来越临近，他仍难以决策，于是为自己犹豫不决的态度找了一个正当的理由。出于这个原因，他让那具因为被他体面下葬而有必要向他表达感激之情的尸体以预言者的角色出现。这样他的不出行就顺理成章了。如果船只没有失事，世人就绝没有可能会知道这个梦或这个故事了。因为只有那些使我们的大脑感到不安的事情，那些向我们表明天地间存在更多我们做梦都想不到的智慧的事情，才会给我们留下深刻的印象。只有在我们知道梦和现实中都包含着个体对生活的同样的态度时，我们才能理解梦的预言性质。

我们必须考虑的另一件事是，并非所有的梦都是那么容易被理解的，事实上，只有少数一些梦容易被理解。梦给我们留下特殊的印记，之后立刻就被我们遗忘，我们也并不理解它背后隐藏的意义，除非我们精于对梦进行解释。然而这些梦也不过是我们的行动和行为模式的一种象征性的以及隐喻性的反射而已。明喻或比喻的主要意义在于，它给我们提供了一个入口，使我们可以进入某种处境。在这种处境中，我们急于发现自己。如果我们全神贯注于某个问题的解决，如果我们的人格指向某个具体的入手方向，那么我们只需要寻找一个有力的动力来推动我们进入其中。梦极其适合强化某种情感，或者产生解决某种特别处境所必需的热情。就算做梦者对这之间的联系并不了解，也不会改变这一点。他能以某种形式找到某种素材和动力就够了。梦本身会为做梦者自我表达过程中的思维方式提供证据，正如它会向我们揭示做梦者的行为模式一样。梦就像一缕烟，它表明某处有火在燃烧。有经验的伐木工能通过对烟的观察说出什么样的木头在燃烧，正如精神科医生能够通过释梦对个体的性格得出结论一样。

概括而言，我们可以说，梦不仅表明做梦者正忙于解决自己的某个生活问题，而且显示着他解决这些问题的方式。特别要指出的是，影响做梦者与世界、与现实之间的关系的那两个因素，即社会感和权力追求，会在做梦者的梦中显现。

天资

在使我们能够对个体做出判断的精神现象中，迄今还有一项尚未被考察过。这个现象与人的智力有关。我们对个体对自己的说法和想法不怎么重视。我们深信，我们每个人都有误入歧途的可能，我们每个人都会感觉自己有必要通过各种复杂的、利己的、道德的或其他工具在他人面前修饰自己的精神形象。然而，有一件事是我们可以做的，那就是从具体的思维过程和能体现思维过程的言语中得出一些结论，虽然这只在一定程度上可行。如果我们想要正确地对个体做出判断，我们就不能将思维和言语排除在我们的考量范围之外。

我们乐于讨论的天资，指的是做出判断的特殊能力，它一直是无数的观察、分析以及测试的对象，其中对儿童和成年人进行的智力测试广为人知。这些就是所谓的天资测试。到目前为止，这些测试都是不成功的。一个理由是，每次对学生进行测试时，结果往往表明，他们的老师不用这些测试也能轻易得出这些结论。一开始的时候，实验心理学家对此很自豪，虽然他们同时也明白，这些测试从一定程度上来说是多余的。人们反对智力测试的另一个理由是，儿童的思维和判断过程与能力发展并不是一致的，所以许多在测试中表现很差的孩子，数年之后，会突然表现出引人注目的良好发展和非凡的天资。此外，大城市里的孩子，以及那些来自某些特定社会圈子的孩子，由于生活面相对而言较为广阔，所以会对这些测试准备更为充分。他们那看似更高的智力具有欺骗性，并使那些相对而言缺乏这种准备的孩子显得黯然失色。众所周知，出身富裕家庭的 8 ～ 10 岁的孩子比来自贫穷家庭的同龄儿童头脑敏捷得多。这并不意味着富裕家庭出身的孩子天资更高，而是因为他们之前的生活环境不同。

截至目前，我们在天资测试方面并没有取得很大的成功，这一点可以很清楚地从柏林和汉堡两市令人遗憾的结果中看出来。在这两个城市中，那些在测试中表现出了极高天分的孩子在后来却有相当一部分学习成绩不佳。这种现象似乎证明，我们并不能拿儿童智力测试的结果担保他们未来会健康发展。正相反，个体心理学中的实验更好地经受住了检验，因为它们并不以确定某个特定的发展程度为指向，而是被设计用来更深入地了解这种发展中的潜在积极因素。在必要的时候，这些研究还可以教会孩子一些适当的纠正方法。个体心理学的原则从来不是将思维和判断能力从孩子的精神生活中分离出来，而是联系他的其他精神过程，对这些思维和判断能力进行观察。

第7章

性　　别

男性和女性都会得到最适合自己的劳动分工机会。

两性差异和劳动分工

从先前的考察中我们已经了解到，两种大的倾向控制着人的一切精神现象。这两种倾向，即社会感以及个体对权力和支配地位的争取，影响着所有的人类活动，并影响着每个个体在争取安全感过程中的态度，影响着个体在实现人生三大挑战——爱、工作以及社会过程中的态度。如果我们想理解人类精神，我们就不得不在对人的精神现象做出判断的时候，使自己习惯于研究这两个因素之间的量的关系和质的关系。这两个因素之间的关系决定着人们在多大程度上能够理解社会生活的逻辑，并因此决定着人们在多大程度上能够服从由于社会生活的需要而产生的劳动分工。

劳动分工是维持人类社会的一个不可忽视的因素。每个人在某时或者某地都必须尽本分做自己应该做的事。不能尽本分做自己应该做的事的人、否认社会生活价值的人，会成为一个反社会的存在，会放弃他在人类中的伙伴关系。这种类型的简单例子就是我们所说的利己主义者、捣乱分子、以自我为中心者，以及令人厌烦的人。再复杂一点的例子是古怪的人、流浪汉以及罪犯。公众对这些性格特征的谴责源于对其本源的理解，源于一种直观判断：它们与社会生活的要求不能兼容。因此，任何人的价值，都取决于他对他人的态度，取决于他在社会生活所要求的劳动分工中的参与程度。他对这种社会生活的肯定会使他对于别人而言变得重要，会使他成为黏合社会巨大链条中的一环。这个链条我们决不能打破，一旦打破，则人类社会就会被打破。一个人的能力决定了他在人类社会总生产位置。这条简单的真理上笼罩着太多的迷雾，因为对权力的追求和对支配权的渴求将错误的价值观引入了正常的社会分工中。这种对支配权的争取已经扰乱并阻碍了整个社会生产，而且给我们提供了一个错误的评判人类价值的依据。

个体由于拒绝适应他们必须填补的位置而扰乱了这种劳动分工。而且，有些个体为了自己的一己私利而阻碍社会生活和社会工作，这些人的错误野心和权力欲望会给社会带来麻烦。同样地，社会中的阶级差别还会导致纠纷。个人权力或经济利益也影响着劳动分工，好的位置被留给某些特定阶层的人，即那些更有权力的人，而其他社会阶层中的人则被排除在外。对社会机构中许多因素的认识使我们能够理解为什么劳动分工一直以来不能顺利进行。不断干扰这种分工的力量使一些人拥有了特权，而另一些人则被奴役。

人类中的两性差异决定了另一种劳动分工。女性，由于身体素质的原因，被排除在一些特定的活动之外，而另一方面，也有一些工作是男性不用做的，因为男性可以做其他工作。这种劳动分工本来应该建立在完全公正的标准之上，而且所有的女性解放运动，只要还没有在激烈的冲突中失去理性，都会承认这种观点的合理性。劳动分工绝不是要剥夺女性的本性，也不是要扰乱男性和女性之间的自然关系。每个人都会得到最适合自己的劳动分工机会。在人类发展的过程中，这种劳动分工已经非常成形，女性已经承担了这个世界上的某一部分工作（而这些工作，如果没有女性来做的话，也可能由男性来做），作为交换，男性就站在了能使自己的力量发挥更大作用的位置。只要工作能力没有被误用，只要体力和脑力没有被用来产生不良后果，我们就不能说这种劳动分工没有意义。

男性的“支配地位”

由于文化朝个人权力方向发展，尤其是在某些个体和社会中的某些阶层——这些人想为自己攫取特权——的努力下，劳动分工已经流入独特的“航道”，影响着我们的整个文明。男性在当今文化中的重要性被极大强调了。劳动分工使得男性这个特权群体的某些利益有了保证，这是由于他们在劳动分工中具有对女性的支配权所致。因此，处于“支配地位”的男性获得了种种优势，并操纵女性的活动，从而使舒适的生活方式始终属于男性，而那些分配给女性的活动，他们可以轻易地躲过。

男性可能一直在努力想要控制女性，而女性则相应地不满于被男性控制。由于这两个性别之间联系非常紧密，所以非常容易理解的是这种持续的紧张会导致心理上的不和谐，甚至严重的心神不宁，而这必然会给两种性别的人都带来极大的痛苦。

很多制度、传统态度、法律、道德以及习俗都证明了：这一切都是享有特权的男性为了得到男性的支配地位这种荣耀而确定并维护下来的。这些制度已经深入到了托儿所，对儿童的心灵产生了深远的影响。孩子不需要对这些关系有多深刻的理解，但是我们必须承认，孩子的情感生活受到了这些关系的极大影响。比如，当我们看到一个男孩子对于让他穿女孩子的衣服这个要求做出的反应是大发脾气的时候，我们大可以对这种态度进行研究。一旦任由男孩对权力的渴望达到一定程度，你就一定会发现他对身为男士的特权表现出的偏好。他认识到，这些特权可以保证他在任何地方都享有优势地位。我们已经提过这个事实，一些家庭教育太过于重视对权力的追求。随之而来的自然是维护和夸大男性特权的倾向，因为家庭中象征权力的人通常都是父亲。比起母亲的一直陪伴，父亲的神秘来去更能引起孩子的兴趣。孩子会很快认识到父亲所扮演的重要角色，注意到父亲如何统领全家，如何做各种安排，以及如何走到哪里都是一家之长。他看到，家里的所有成员都服从父亲的命令，他还看到，母亲要征求父亲的意见。从各个角度来看，他的父亲都似乎是强大有力的那一方。对有些孩子来说，父亲就是一个标杆，他们相信，父亲所说的一切都一定是神圣的；在证明自己的观点的正确性时，会说他们的父亲曾这样说过。即便有时候父亲的影响似乎并不那么明显，孩子也知道父亲的支配地位，因为很多家庭的担子似乎都落在父亲身上，而事实上，正是劳动分工使得家庭中的父亲在家庭中可以更好地发挥自己的力量。

就男性支配权的起源历史而言，我们必须提醒大家注意这样一个事实，即这种现象并不是自然产生的，无数的法律就表明了这一点，这些法律很有必要，它们合法地保证了男性的支配权。这些法律还表明，在男性支配权没有被法律强制执行之前，一定还存在过男性特权不那么确定无疑的时期。历史证明，这样的时期在母系氏族时期确实存在过，在那个时期，母亲，即女性，在生活中扮演着重要的角色，尤其是对儿童而言。在那时，氏族中的每个男性都责无旁贷地尊重母亲的至尊地位。某些风俗和习惯用语中至今还受着这种古老制度的影响。比如，将陌生男子介绍给儿童的时候所用的称呼“叔叔”或“堂兄”。从母系氏族到男性支配一切，这之间的转换过程中一定经历过一场恶战。那些认为自己的特权和优势取决于自然的男人，在得知男性并不是从一开始就拥有这些优势，而是在经过了斗争之后才得到时，肯定会惊讶万分。与男性的胜利同时而来的是女性的屈服，这一点尤为清楚地体现在法律的建立过程中——法律就是这个漫长的屈服过程的明证。

> 男性的支配地位并非天然而来。有证据表明，这主要是原始部落之间不断征战的结果。

男性的支配地位并非天然而来。有证据表明，这主要是原始部落之间不断征战的结果。在连续征战的过程中，男性作为战士扮演着更为突出的角色，并最终为了自己、为了自己的个人目的，利用自己新获得的优势保持自己的领导地位。与这种发展同时并进的是财产权和继承权的确立，这两种权利构成了男性支配权的基础，男性最终成了财产的占有者和所有者。

不过，成长中的儿童无须阅读关于这个主题的书籍。尽管他对这些考古学资料一无所知，然而他会感觉到，男性是家庭中享有特权的成员。即使颇有见识的父亲和母亲有意忽略我们从古老年代中继承下来的特权，赞成男女之间更大程度的平等，孩子也还是能感觉到这一点。我们很难使孩子明白，承担家务责任的母亲跟父亲具有同等的重要性。

一个小男孩，从人生伊始就看到了无处不在的男性特权。想象一下，这对他来说意味着什么？从出生那天起，他就比女孩子更受欢迎。众所周知而且常常发生的事情是，父母更喜欢生男孩。在人生的每个阶段中，男孩都能感觉到，作为与父亲最为相像的人，自己享有特权，更受重视。旁人随意对他说的话，或者他偶然听到的话，都时时在提醒他注意这个事实：男性角色（比女性角色）更为重要。

另一个能让他看到男性支配地位的现象是，家里的杂务一般都是由女性佣人来做。然后最终强化他这种看法的事实是，他环境中的女性压根就不相信自己与男性之间的平等。所有女性在结婚之前都应该对自己的未来丈夫提出的重要问题是：“你对男性的支配权，尤其是男性在家庭生活中的支配地位持什么态度?”这个问题通常得不到回答。我们发现有些女性表现出了对平等的追求，而有些女性则表现出了对平等的不同程度的放弃。相比之下，我们会看到家庭中的父亲从儿童时期就坚信，作为一个男人，他要扮演的是更为重要的角色。他将这种坚定的信仰视作自己的绝对义务，他只对那些支持男性特权的生活和社会挑战做出反应。

孩子经历了从这种关系中产生的一切情形。他从中得到的是无数个关于女性本性的画面，在这个画面中女性在大部分情况下都扮演着一个可悲的角色。这样，一个男孩子的成长具有一种鲜明的男性色彩。在奋力争取权力时，他所认为的值得为之奋斗的目标都是男性特质和男性姿态。从这些权力关系中产生了一种典型的男性美德，这种美德清楚地向我们表明了它的起源。某些性格特征被认为是男性的，而另一些则被认为是女性的，尽管没有证据能证明这种评估的合理性。纵然拿男孩子和女孩子的心理状态做了比较，并似乎找到了支持这种分类的依据，但是我们讨论的不是自然现象，而是在描述个体的表现，这些个体已经被导入了非常特定的渠道中，他们的生活方式和行为模式已经被特定的权力概念缩小了范围。这些权力概念已经用强力向他们指出了他们必须往哪里发展。“男性气概的”和“女性气质的”这两种性格特征区分毫无道理可言。我们将看到，这两种性格特征都可以被用来实现对权力的追求。换句话说，个体可以用所谓的“女性”特征，比如顺从和谦恭，来表现权力。顺从的儿童占据的优势是，有时候他可以利用这一点比不顺从的孩子得到更多关注，虽然无论是顺从还是不顺从，其中都存在着对权力的追求。由于对权力的追求表达形式非常复杂，所以我们往往难以对精神生活有透彻的了解。

> 随着男孩子渐渐长大，他的男性身份成了一种重要职责，他的抱负，即他对权力和优越地位的追求，都无可争议地与身为男性的职责联系和等同起来。

随着男孩子渐渐长大，他的男性身份成了一种重要职责，他的抱负，即他对权力和优越地位的追求，都无可争议地与身为男性的职责联系和等同起来。对许多渴望权力的孩子来说，仅仅意识到自己是男性还不够，他们必须拿出证据来，证明自己是男人，因此他们必须拥有特权。为了实现这一点，一方面，他们通过努力力求超过别人，借此衡量自己的男性特征；另一方面，他们也许会尽一切可能在身边的女性世界中横行霸道以达到目的。根据他们所遇到的抵抗程度，这些男孩子会要么用顽固和反叛，要么用诡计和狡诈，来达到自己的目的。

由于对每个人的衡量都是依据特权男性的标准进行的，所以难怪人们会将这个标准放在男孩子面前。他最终会根据这个标准来衡量自己，观察并询问自己的活动是否有足够的“男子气概”，询问自己是否“完全是个男人”。现今我们所认为的“男子气概”是一种常识。最重要的是，它不过是一种自私自利，满足了人的自恋心理，使人产生一种优于他人和支配他人的感觉，这一切都是在貌似很“活跃”的性格特征的辅助下实现的，比如勇气、力量、责任、赢得各种胜利(尤其是对女性的胜利)，获得地位、荣誉、头衔，以及这种愿望——希望自己变得冷硬以对抗所谓“女性”倾向，等等。为了获得个人优势，人们不停地进行着争斗，因为处于支配地位被认为是有“男子”气概的一种表现。

这样，每个男孩都会培养起他在成年男性，尤其是他的父亲身上看到的性格特征。我们可以在我们社会的各种表现形式中对这种由人为原因造成的宏伟错觉进行追踪。在小小年纪的时候，男孩子就被敦促着要为自己争取权力和特权。这就是所谓的“男子气概”。在糟糕的情况下，这会退化变成众所周知的粗鲁和野蛮表现。

在以上种种情况下，身为男人所具备的优势非常具有诱惑力。因此，当我们看到许多女孩子坚守着某种男子气概典范，将其作为不可能实现的愿望或评判自己行为的标准时，不要吃惊。这种典范可能是某种行为、某种外表。似乎是，在很多文化中，每个女人都想成为男人！我们尤其会发现这类女孩子，她们不可遏制地想要在因为男女体格差异因而更适合男孩子的游戏或活动中有出色表现。她们爬树，跟男孩子而不是跟女孩子玩，并逃避一切“女人气”的活动，将其视为一件令人羞耻的事儿。她们只能在有男子气的活动中才能得到满足。当我们明白了对优势地位的追求更多地与事物的象征意味而非生活活动有关时，对男子气概的偏好使得这一切现象都可以理解了。

所谓的“女性低劣”

在为自己的支配权辩护时，男性往往不仅坚称自己的地位源自天然，而且会说自己的支配地位源于女性的低劣。与这种偏见相连的是男性的某种不安，这种不安很可能来源于对抗母系氏族制的时代，在那个时代，女人是男人焦虑的切实根源。我们在文学和历史中经常看到这种暗示。一位拉丁作家写道“女人使男人感到困惑”。

各个时代的传奇故事和神话故事中都包含着对女人的偏见。与这些偏见相一致的是对女人的才能、勤奋和能力的贬低。一切文学、各个民族的修辞比喻、趣闻轶事、格言以及笑话中都充斥着贬低女性的言论。女人被指斥为心怀恶意、狭隘小气、愚不可及等。

为了证明女人的低劣，人们有时候言辞尖刻。如斯特林堡（Strindberg）、莫比乌斯（Moebius）、叔本华（Schopenhauer）以及魏宁格（Weininger）这样的男性都持有这种观点，持这种观点的人的数量还因为一批为数不少的女人的加入而不断增加，这些女人由于自身的顺从而认为女性的确低劣。对女人和女人的劳动的贬低还表现在以下这个事实中：无论男人与女人的工作价值是否一样，女性的薪酬总低于男性的薪酬。

在对智力和天资测试结果做一番比较之后，我们实际上发现，在某些特定的学科上，比如数学，男孩子表现出了更多的天分，而女孩子则在其他学科（比如语言）上更有天分。男孩子事实上确实在那些能够训练他们、使他们适合男性职业的学科上比女孩子表现出了更大的天分，但这种更大的天分不过是表面现象。如果对女孩子的状况进行深入研究，我们就会了解关于女性能力较差的说法明显是无稽之谈。

> **女孩子总是会听到“女性不如男性有能力，女性只适合做一些不重要的事情”这样的言论。**

女孩子总是会听到“女性不如男性有能力，女性只适合做一些不重要的事情”这样的言论。因此，毫不奇怪的是，女孩子会深信女性的命运悲苦而且不可改变，并且由于童年时期缺乏训练，她迟早会相信自己的无能。在这样气馁的情况下，就算真的有“适合男性”的职业出现在面前，女孩子也会带着一种先入为主的结论对待这些职业，她会觉得自己对它们缺乏必要的兴趣。而即使她有这样的兴趣，她也会很快失去兴趣，从而，她既缺乏外在准备，也缺乏内在准备。

在这样的情况下，女性无能的证据似乎非常确凿。关于这一点，有两个原因。首先，我们常常从纯粹的职业角度或者从片面和纯粹自我的角度对人的价值进行评判，这个事实加剧了这种错误。带着这种偏见，我们几乎不可能理解人的表现和能力在多大程度上与精神的发展相一致。这就将我们引向了第二个主要因素，所谓女性低能的谬论也许就缘于这一点。一个经常被人忽略的事实是，女孩一来到这个世界上，耳边充斥的就是对女性的论调，这种论调的用意就是使她不相信自身的价值，粉碎她的自信心，毁掉她想要做点有价值的事情的希望。如果这种偏见不断被强化，如果一个女孩不断地看到女性卑躬屈膝的样子，那么不难理解，她会失去勇气，会不能直面自己的责任，不能解决自己生活中的问题。这样一来，她就真的无用且无能了！然而，如果我们这样对待一个人：摧毁他在社交中的自尊，使他放弃成就任何事情的希望，灭掉他的勇气，然后发现他真的不会成就任何事，那么我们真的不敢坚持说我们的判断没错，因为我们必须承认，正是我们导致了他的一切痛苦！

在我们的文明中，女孩子很容易失去勇气和自信，然而事实上，某些智力测试证明了一个耐人寻味的事实，那就是，有一组女孩，年龄在 14 ～ 18 岁，比其他各组受测人员，其中包括男孩子，表现出了更高的天分和更大的能力。进一步研究表明，这些女孩都来自这样的家庭：她们的母亲要么是家里唯一的经济支柱，要么至少是家里主要的赚钱养家人。这意味着，这些女孩所处的家庭氛围里，关于女性不如男人能干的偏见要么完全不存在，要么就是轻微程度的偏见。她们可以亲眼看到她们的母亲的勤劳怎样得到了回报，于是她们发展得更自由、更独立，那些不可避免地与女性低能联系在一起的阻力完全没有影响到她们。

进一步反驳这种偏见的论据是，有为数不少的女性在许多领域取得了成就，尤其是在文学、艺术、手工艺和医学领域，她们的成就非凡，完全可以和男性在这些领域取得的成就比肩媲美。而且，还有许许多多的男性不仅一事无成而且能力低下，以至于我们可以轻易找到同样多的证据（当然都是谬误的）来证明男性是多么低劣的性别。

关于“女性低劣”的偏见带来的其中一个严重后果，就是根据一种图式对各种观念进行严格的划分和归类：“男性”就意味着有价值、强大、成功、有能力，而“女性”就与顺从、卑贱和附属性等同起来。这种思维方式在人的思维过程中如此根深蒂固，以至于在我们的文明中，一切值得赞美的事物似乎都带着一种“男性”色彩，而一切不那么具有价值或确切来说卑劣的事物都被指定为“女性”专属。我们都知道，对男人的最大侮辱莫过于说他们像个女的，而如果我们说某个女孩像个男的，却不一定意味着侮辱。在谈到女性时，语调总是降低的、减弱的，于是与女性有关联的一切事物都显得低劣起来。

更仔细地观察就会发现，那些似乎能为“女人是低劣的”这种站不住脚的论点提供证据的性格特征，经证实不过是女性精神发展受限的一种表现而已。我们并不是主张，我们可以将每个孩子都变成所谓的“有天分”儿童，但是我们总能把一个孩子变成一个“没有天分”的成人。所幸的是，我们从未这样做过。然而，我们却知道，其他人在这方面做得太成功了。在我们这个时代，很容易理解的是，女孩比男孩更经常地被这种命运压倒。我们经常有机会看到这些“没有天分”的儿童突然变得天资超群，我们也许不得不说这是个奇迹！

背弃女性特质

做一个男人所具有的明显优势给女性的精神发展带来了干扰，结果是一些女性不满意自己的女性身份。这些女性的精神生活与那些因为自己的处境而有着强烈自卑感的人的精神生活有着同样的运动路线，受着同样的运动规则的制约。所谓的女性低劣偏见更为其增添了一份复杂。就算相当数量的女孩都找到了某种补偿，她们也会将这归功于她们性格的发展、智力，以及有时候归功于她们获得的某些特权。这只表明了一个错误也许会引起另一个错误。这些特权是特赦权、义务免除权以及奢侈品，这给人一种处于优势的假象，因为它们假装出非常尊重女性的样子。这其中也许有一定程度的理想主义成分，但是最终这种理想主义始终都是个理想，是男人为了自己的利益设计出来的。乔治·桑（George Sand）曾一针见血地对此做过描述："女人的美德是男人的一个完美发明。"

一般来说，在反抗女性角色的斗争中，我们可以将女性归为两种。第一种类型的女性是前面已经说明的：朝着积极的、"男性化的"方向发展的女孩。她们精力特别充沛，雄心勃勃，不断地为了生活中值得追求的东西奋斗。她们试图超越自己的兄弟，超越男性，首选那些通常被认为属于男性特权的活动，对体育运动以及类似的活动感兴趣。她们常常逃避恋爱关系和婚姻关系。如果进入了婚姻，她们可能会由于竭力要压丈夫一头而搅得婚姻不宁！她们可能会对所有的家务事都极其厌恶。她们可能会直接表达出自己的厌恶，或者否认自己有做家务的天分，并不断地拿出证据试图证明自己在做家务方面没有天分，从而间接地表达自己的厌恶。

这类女性试图用“男性化的”反应来补偿男性倾向给她带来的不幸。这种对女性气质的防范姿态是她的身心基础。她被称为“假小子”“男人气”的女人，等等。然而，这些称谓建立在一个错误的观点之上。有许多人都认为，这样的女孩身上有一定的先天因素，有某种“男性”物质或分泌物，这些物质或分泌物使她们表现出了“男性化”的姿态。然而，整个文明历史向我们表明，施加在女性身上的压力，以及她必须忍受的压制，是任何人都无法承受的。它们总会引起反抗。如果这种反抗现在以我们所谓的“男性化”方式表现出来，那么原因仅仅在于，世上只有两种可能的性别。对女性角色的背弃因此只能以“男性化”的方式表现出来，反之亦然。这种事情的发生并不是什么神秘分泌物造成的结果，而是因为在既定的时间和空间里，没有其他可能性存在。我们绝不能忽略了女孩子在精神发展过程中遇到的困难。只要我们不能保证每位女性和男性之间的绝对平等，我们就不能要求她与生活、与我们文明中的事实以及与我们的社会生活方式和解。

第二种类型的女性终其一生都是一种逆来顺受的姿态，她们表现出一种令人难以置信的适应、顺从和谦恭。她们似乎能适应任何地方，到哪儿都能生根，然而她们却表现得极其笨拙和无助，以至于不会有什么作为！她们也许会有神经性症状，这使她们显得更加柔弱，从而使人觉得需要照顾她们。她们还借此清楚地表明，她们所受的培养、她们的荒度人生，常常伴着神经症，使她们完全不适应社会生活。她们是世界上最好的人，但是不幸的是，她们体弱多病，不能令人满意地迎接任何生存挑战。她们一直都不能令周围的人满意。她们的顺从、谦恭、自我压抑，都和第一种类型的女性一样，建立在同样的反抗基础之上，这种反抗清楚地表达出这个意思："我过得一点都不快乐！"

还有第三种女性，她们并不抵抗自己的女性角色，但是痛苦地意识到自己要在生活中扮演从属的角色。她们深信只有男人才有责任做生活中值得做的事情。因此，她们认可男性的特权地位。这样，她们加入了为男人唱赞歌的合唱团中，赞美男人是实干家、成功者，并要求给予男人特殊地位。她们清楚地表现出自己的柔弱感，仿佛想让他人承认自己的柔弱，仿佛她们因此需要额外的帮助。但是这种姿态只是长期准备的反抗的开端。她们会报复般地用一句大致意思为"只有男人才能做这些事情！"这样漫不经心的口头禅将婚姻中的所有责任都推到丈夫身上。

虽然女性被认为是低劣一族，然而教育的责任大半都委派给了她们。现在，让我们来就这项最重要、最艰难的任务对这三类女性做个描述。在这个时候，我们甚至可以更清楚地区分这三类女性。第一种类型的女性，即"男性化"的女性，对孩子比较专横，喜欢惩罚孩子，因此会给孩子施加极大的压力，对此这些孩子当然会试图逃避。如果这种教育能产生什么效果的话，可能最好结果就是一种毫无价值的军事训练。孩子通常会觉得，这种母亲是非常糟糕的教育者。她们的大嗓门、她们大惊小怪的样子总是没有效果，而且还会带来危险：女孩子将会被煽动去模仿她们，男孩子则会终其一生处在惊恐中。我们会发现，很多曾在这样的母亲的控制之下的男人，尽一切可能逃避女人，好像痛苦已经深入其心，无法对任何女人有任何信任。这导致的结果是两性之间的隔离和疏远。我们能很容易理解其中的异常，虽然有些调查者仍在说什么“男性元素和女性元素的错误分配。”

另外两类女性作为教育者也同样无益。她们也许会如此怀疑自己，所以孩子会很快发现她们缺乏自信心，并且会超越她们。在这种情况下，母亲会继续努力，唠叨训斥，并威胁要去告诉孩子的父亲。但她求助于一个男性教育者的事实再次暴露了她自信心的不足，表明她并不相信自己的教育活动会取得成功。她逃离教育前线，仿佛她的责任就是要证明自己的观点，即只有男人才有能力教育孩子，因此，在教育孩子上男人不可或缺！这样的女性也许只会逃避所有的教育努力，把教育孩子的责任推给丈夫和女家庭教师，因为她们觉得自己没有能力获得成功。

对女性角色的不满在一些用所谓的“更高级”理由逃避生活的女孩子中表现得更为明显。修女，或者其他从事独身职业的女性就是很恰当的例子。她们用这种姿态清楚地表明，她们与自己的女性角色不能和平相处。同样地，许多女孩早早地就开始工作，因为这种与职业相联系的独立性对她们似乎是一种保护，保护她们免受必须结婚的威胁。在这里，这样做的动力仍然是对承担女性角色的厌恶。

> 许多女孩早早地就开始工作，因为这种与职业相联系的独立性对她们似乎是一种保护，保护她们免受必须结婚的威胁。这样做的动力仍然是对承担女性角色的厌恶。

在我们可以认为女性自动地承担了女性角色的婚姻中，情况究竟怎样呢？我们知道，婚姻并不一定表明女孩和她的女性角色达成了和解。一个36岁的女人就是这方面的一个典型例子。她来看医生，说自己有各种病症。她是家里的老大，她的父亲是个上了年纪的人，而她的母亲则是一个非常有控制欲的女人。她的母亲非常年轻美丽，却嫁给了一个老头，这个事实使我们猜想，在这对父母的婚姻中，对女性角色的厌恶一定曾在其中起着部分作用。结果发现，这对父母的婚姻并不幸福。母亲吵吵嚷嚷地要管家，并不惜一切代价坚持贯彻自己的意志，而不管别人高兴还是不高兴。老父亲时常被逼入困境。这位女儿讲述说，她母亲甚至不让她父亲躺在沙发上休息。她母亲的一切活动都在于坚持实施某种她认为可取的“家政原则”。这些原则是这个家中的绝对法律。

我们这位病人渐渐长成了一个能干的孩子。另外，她母亲对她从来没有满意过，总是与她为敌。后来，她母亲又生了一个男孩，母亲对她的这个弟弟格外宠爱，母女之间的关系开始变得令人难以忍受。这个小女孩知道，自己在父亲那里可以得到支持，她的父亲虽然在其他任何事情方面都特别谦恭退让，却会在女儿的利益受到威胁时奋起维护。由是她开始发自内心地痛恨母亲。

在这种棘手的冲突中，母亲的洁癖成了女儿最喜欢的攻击点。母亲如此执着于干净，以至于女仆在碰了门把手之后必须把门把手擦拭一遍。这个孩子却穿得又脏又破在家里到处乱走，并且只要逮住机会就把家里弄得又脏又乱，她从中得到了一种特殊的愉悦。

她所形成的这些性格特征与她母亲所期望的正好相反。这个事实非常清楚地反驳了性格来自遗传的观点。如果一个孩子只形成了那些一定会把她母亲气个半死的性格特征，那么其中必然有有意识的或无意识的计划。这对母女之间的仇恨一直持续到现在，简直难以想象还会有比这更激烈的战况。

这个小姑娘 8 岁时，家里的局面是这样的：父亲永远站在女儿这一边，她的母亲则板着一张尖酸的脸在家里晃来晃去，说一些尖刻的话，强制性地实施她的“统治法则”，并训斥她的女儿。心怀怨恨而好斗成性的小姑娘则用异乎寻常的讽刺挖苦维护自己，破坏母亲的行动。使局面更为复杂的是她弟弟的心脏瓣膜病。弟弟一直是她母亲的最爱，是一个备受娇纵的孩子。他利用自己的病紧紧地抓住母亲的注意力，甚至到了更强烈的地步。我们可以看到，这两位父母亲在对待孩子方面一直处于对立状态。这个小女孩就是在这样的环境中长大成人的。

随后，她觉得自己患了一种没有人可以解释的神经症。她的病在于，她针对自己母亲的那些邪恶念头一直折磨着她，结果是她觉得自己的所有活动都受到了阻碍。过了一段时间，这些罪恶的念头消失了。这要归功于一些药或者其他什么东西，虽然更有可能是因为她母亲被迫转为守势这一点。但是这种神经症带来的一种后遗症是，她极其害怕雷声和闪电。

这个小女孩相信，雷声和闪电之所以出现，完全是因为她的恶念，而且她总有一天会被雷劈电击，因为她有如此邪恶的念头。我们可以看出，这个孩子在那时试图摆脱自己对母亲的仇恨。这个孩子继续长大，光明的未来似乎在向她招手。一位老师说："这个小姑娘能做到她想做的一切事情！"这句话对她产生了很大的影响。这些话本身并不重要，但是对这个女孩来说，这些话意味着，"如果我愿意，我能够成就任何事情。"紧跟在这种意识之后的是，对她、对自己母亲的更激烈的对抗。

青春期来了，她出落成了一个美丽动人的少女。她到了可以婚嫁的年龄，追求者甚众。然而由于她说话特别尖刻，许多建立关系的机会都被破坏了。只有一个男人让她有种被吸引的感觉，那是一位住在附近的上了年纪的男人。大家都担心她某一天会嫁给他。但是这个男的过了一段时间之后搬走了，而这个女孩子依然留在这里，直到她 26 岁也没有一个求婚者。在她的那个圈子里，这件事尽人皆知，然而没有谁能对此做出解释，因为没有人了解她过去的经历。由于从童年时期起她就与自己的母亲一直处于激烈的战争状态，所以她特别爱与人争论。挑起战争，她就胜了。她母亲的行为不断地激怒她，使她不断地寻找新的胜利。激烈的唇枪舌剑就是她最大的快乐，她的自负在其中展露无遗。她的“男性化”姿态也同样表露了出来，因为她渴望唇枪舌剑，只有在这样的唇枪舌剑中，她才能战胜自己的对手。

26 岁那年，她结识了一位非常体面可敬的男士，这个人并没有被她的好战性格吓退，他非常热切地追求她。他在她面前表现得非常谦恭顺从。她的亲戚向她施加压力，要她嫁给他。她不得不一再向他们解释，说他令她感到很不愉快，她因此不可能考虑跟他结婚。如果我们了解她的性格的话，这一点就不难理解。但是经过两年的抗拒之后，她最终接受了他，深信他已经成了自己的奴隶，相信自己可以对他为所欲为。她暗中希望，这个人能成为父亲的翻版，会随时向她屈服让步。

她很快发现自己错了。在结婚几天之后，她的丈夫已经开始吸着烟斗，舒服地坐在房间里看报纸了。在早上的时候他离开家去自己的办公室，下班后准备到家吃饭，而如果饭菜还没有准备好，他还会嘟囔几句。他要求她干净、温柔、准时，还有其他各种她不愿意去完成的不合理要求。她的婚姻关系与她跟自己父亲之间的关系毫无相似之处。她所有的梦想都破灭了。她要求的越多，她丈夫就越少答应她的要求，而他越向她指出她的家庭责任，她就越少做家务。她每天一有机会就提醒他，他没有权力向她提出各种要求，同时她还明确地告诉他，她不喜欢他。这对他完全没有任何影响。他继续无动于衷地提出自己的要求，这使她对未来非常不看好。沉醉在忘我的兴奋中时，这个正直而顺从的男人曾对她百般追求，然而一旦拥有了她，那种兴奋就烟消云散了。

她生了孩子后，他们之间的不和谐也没有发生任何改变。她被迫承担了一些新的职责。与此同时，她与自己母亲之间的关系，也由于后者积极地维护女婿而日益恶化。不断发生的战争使她的家里充满了火药味，所以也就难怪她的丈夫有时会表现得很粗暴，对她也缺乏关爱。有时候这位女士的抱怨确实没错。她丈夫出现这种行为是她的不可接近带来的直接后果，而她的不可接近又是由于她对自己的女性角色无法达成和解导致的结果。她原以为自己可以永远扮演女皇的角色，以为自己可以悠然地生活，身边跟着一个可以满足自己所有愿望的奴隶。只有在这种情况下，生活对她而言才是可能的。

她现在该怎么办呢？难道她要和丈夫离婚，然后回到自己母亲身边，宣布自己的失败？她没有能力过独立的生活，因为她从来不曾为此做过准备。离婚将是对她的骄傲和自大的一种侮辱。对她来说，生活是很痛苦的。一边是丈夫的批评，一边是手持“武器”的母亲，喋喋不休地要她保持干净和整洁。

突然之间，她也变得干净而整洁了！她天天又是洗又是擦又是打扫，好像幡然领悟，接受了母亲这么多年来往她耳朵里灌输的教导。刚开始的时候，看到她倒垃圾，擦写字台、陈列柜和壁橱，她母亲一定会喜笑颜开，她丈夫也一定为这一突然变化感到高兴。但是她把这些事情做得太过了。她一直洗一直擦，直到家里没有一件没擦过的物件。她的热情表现得如此明显，每个人对她而言都是一种打扰。反过来，她的这种热情也干扰了其他所有人。如果她洗的某件东西被别人碰了，她就会再洗一遍，而且只能由她自己洗。

从这种持续不断的洗刷和清扫中表现出来的病态是存在于一些女性身上的一种不寻常而又时常发生的事情。这些女性对抗自己的女性气质，她们以这种方式展示自己爱清洁的美德，从而抬高自己，使自己优于那些不这么频繁地洗刷的人。无意识中她们做出的这种种努力的目的仅在于“引爆”整个家庭。没有哪个家庭比这类女人的家庭更无序。她们的目标不是干净，而是想引起整个家庭的崩溃。

我们可以举出许多这样的实例，在这些实例中，与女性角色之间的和解只是表面现象而已。我们的病人没有女性朋友，跟谁都相处不来，也不知道体谅别人，这一切与我们可能预料到的她的生活模式正好吻合。

将来，我们有必要发展出更好的方法来教育女孩子，让她们更好地做好准备，与生活和解。有时候，即便在最有利的情况下，也不可能实现与生活之间的和解，比如这个例子。所谓女人低劣的看法被法律和传统维护着，虽然任何真正有心理洞察力的人都会否认这一点。因此，我们必须时刻提防着，识别和抵制社会在这方面以各种方式出现的错误行为。我们必须加入这场斗争，这并不是因为我们对女性有某种病态的夸大的尊重，而是因为当前这种错误的态度否定了我们整个社会生活的合理性。

> 我们有必要发展出更好的方法来教育女孩子，让她们更好地做好准备，与生活和解。我们必须时刻提防着，识别和抵制社会在这方面以各种方式出现的错误行为。

让我们借这个机会讨论一下另一种常被用来贬低女性的关系：所谓的“危险年龄”，即女人50岁左右这个时期，与这个时期同时出现的是某些性格特征的格外凸显。身体上的变化向处在绝经期的女人暗示，痛苦的日子已经来临，她将永远失去她在整个生命过程中辛苦建立起来的那点意义。在这种情况下，她将加倍努力来寻求任何能帮助她维护自己地位的手段，她的地位比以前更加不稳定了。我们的文明在这种原则的支配之下：当前的表现是价值的唯一来源。每个上了年纪的人，尤其是上了年纪的女性，在这个时期都会遇到障碍。这种对上了年纪的女性的伤害（完全否定她的价值）也影响着每个人，因为在壮年时期我们不可能一天天地单独计算自己的价值。一个人在盛年时所成就的一切，就算在他的力量和行动减退的时期，也仍然必须归功于他。仅仅因为他老了，就将他完全排除在社会精神和物质关系之外，这样做是不对的。就女性而言，这样做其实就是一种贬低和奴役。想象一下上面的“清除器”女孩在设想自己未来中的这个时期时的焦虑心情吧。女性特质并不会在50岁这年消失，一个人的荣誉和价值会超越年龄继续存在。这一点必须得到保证。

两性间的紧张状态

所有这些不幸的基础都建立在我们文明的错误之上。如果我们的文明被打上了偏见的烙印，那么这种偏见会深入并触及这一文明的方方面面，以各种形式表现出来。女性低劣的谬论，以及其必然的推论——男性优越之谬论，不断地干扰着两性之间的和谐。结果，一种非同寻常的紧张状态被带进了所有的情爱关系中，并因此威胁着，甚至常常是摧毁了两性之间的每一个幸福机会。我们整个爱情生活都被这种紧张状态毒害了、扭曲了、腐蚀了。这就是为什么我们很少见到幸福的婚姻的原因，也是许多孩子在成长过程中一直觉得婚姻极其艰难、极其危险的原因。

上述偏见在很大程度上阻碍着孩子充分理解生活。想想那些仅把婚姻看作生活中的一个紧急出口的年轻女孩吧！想想那些仅把婚姻看作必须经历的不幸的男人和女人吧！从两性间的紧张状态中产生的障碍，到今天已经影响着庞大的范围。随着女孩越来越清楚地表现出逃避社会强迫她承担的性别角色的倾向，而男性越来越想扮演特权角色（虽然这样的行为中存在着错误的逻辑），这种障碍会变得越来越大。

平等的伙伴关系是与性别角色实现真正和解、两性之间实现真正平等的特有指标。在理想的关系中，一方附属于另一方犹如一个国家附属于另一个国家一样，是不可容忍的。

每个人都应该专心留意这个问题，因为错误的态度可能给每一方都带来相当大的障碍。这是我们生活中的一个方面，它如此普遍又如此重要，我们中的每个人都是其中一分子。在我们这个时代，它变得更为复杂，因为孩子被强迫形成了一种行为模式——贬低和否定另一种性别的行为模式。

当然，从容平静的教育可以克服这些障碍，但是我们的步伐如此匆忙，经过证实的、经过检验的教育方法又是如此缺乏，而且我们的整个生活又如此充满竞争（这种竞争甚至已经扩展到了托儿所中），这一切都生硬地决定了以后的生活倾向。使许多人畏缩着不敢接纳任何爱情关系的恐惧情绪，都是由那种无用的压力导致的，这种压力迫使每个男性不论在何种情况下都要证明自己的男子气概，即便他必须通过背叛、恶意和暴力来证明。

不言而喻，这毁掉了爱情关系中的一切坦诚和信任。唐璜（Ton Juan，西班牙传说中的风流贵族，西方许多文学作品的主人公，一直以来是风流男子的代称，英国诗人拜伦有一首讽刺诗名曰《唐璜》）就是这样的人，他怀疑自己的男性气质，不断地靠征服来寻求额外的证明。两性之间如此普遍存在的不信任妨碍了人与人之间的真诚，结果是全人类都为此遭受痛苦。被夸大的完美男子气概典范意味着不断的挑战、不断的鞭策以及焦虑和不安。这一切自然只能带来虚荣虚夸和自我美化，这是对“特权”态度的维护。所有这一切毫无疑问与健康的社会生活背道而驰。我们没有理由反对妇女解放运动。我们的责任是支持她们为了争取自由和平等而付出的努力，因为全体人类的幸福终究取决于实现这个前提条件：女性能够与她的女性角色达成和解。同样地，男人能否妥善地解决他与女性之间的关系，同样也取决于这个前提条件的实现。

改革尝试

在所有为了改善两性关系而形成的制度中，男女同校制是最为重要的。这个制度还没被普遍接受：有人反对它，也有人支持它。它的支持者拿出来的最有力论据是，通过男女同校制，两种性别可以有机会早早就开始互相了解，而这种了解可以在一定程度上避免产生错误的偏见，避免因为这种偏见而产生灾难性后果。反对者则通常反驳说，男孩和女孩在入校的时候差异就已经非常明显，男女同校只会使这些差异更加突出，因为男孩会感到很有压力。之所以会这样，是因为在学生时代，女孩的精神发展比男孩要快得多。这些必须保证自己的特权、必须证明自己更能干的男孩，一定是突然意识到自己的特权不过是一个肥皂泡，极易在现实中破裂。其他研究者则认为，在男女同校制中，男孩在女孩面前会变得焦虑不安，并丧失自尊。

毫无疑问，这些论点都存在着一定程度的正确性。但是，为了获得更大的才华和能力，只有当我们从两性竞争这个意义上去考虑男女同校制时，这些论据才有说服力。如果男女同校制对老师和学生就意味着这个的话，那么这种主张就是有害的。如果我们找不到任何对男女同校制有更好见解的老师，也就是说，没有老师能认识到，男女同校制相当于一种训练和准备，为的是将来两种性别在社会工作中进行协作，那么在男女同校制上所做的一切努力都一定会失败。

要想对整个情形做出适当的描述，需要有诗人的创造力。我们只需把主要观点表达出来，就应该满足了。一个青春期女孩表现得好像自己很低劣一样，器官缺陷补偿在她身上也同样存在。不同的是，她坚信自己低劣是环境强加给她的。她被如此不可挽回地引到这样的行为渠道中，以至于甚至极其富有洞察力的研究者都时不时地会犯下错误，认为她是低劣的。这种谬误带来的普遍结果是，两种性别都陷入了名利纷争之中，每一方都竭力想要扮演并不适合自己的角色。结果会怎样呢？双方的生活都变得更为复杂，他们之间丧失了所有的坦诚，深陷在谬误和偏见中，对幸福不抱任何希望。

在对一个人做出评判之
前，我们必须先了解
他的成长环境。

第 8 章

家庭格局

儿童在家里的地位也许会影响到他与生俱来的所有本能、取向、能力等。

我们经常提醒大家注意这个事实：在对一个人做出评判之前，我们必须先了解他的成长环境。其中一个重要的方面是儿童在家庭中的位置。通常，在有足够的专业知识的情况下，我们可以根据这个事实对人进行分类，我们能识别出这个人是家里的老大、独生子，还是家里最小的孩子等。

人们好像一直都知道，最小的孩子通常属于特殊的一类。这一点在无数的神话故事、传奇故事、《圣经》故事中可以得到证明，在这些故事中，最小的孩子往往很相似。事实上，他的成长环境与其他所有人的成长环境都完全不同。因为对父母来说，他是一个特别的孩子，作为最小的孩子，他受到的是特别细心的对待。他不但年龄最小，而且常常个子也最小，因此，他是最需要帮助的那个。在他还很柔弱的时候，他的哥哥姐姐们都已经具有了一定程度的独立性，已经渐渐长大。由于这个原因，他常常在更为温暖的家庭氛围中长大。

因此，他形成了一些对他的生活有明显影响的性格特征，这些性格特征使他具有引人注目的个性。在此，我们必须注意一种似乎与我们的理论相矛盾的情形。没有哪个孩子想做最小的那个、不被人信赖的那个。这样的认识会刺激孩子去证明自己能做到一切。他对权力的追求会变得异常突出，我们会发现最小的孩子通常都有战胜所有人的愿望。只有成为最好的那个，他们才会满意。

> 有些最小的孩子超越了家里的其他所有成员，成了家里最能干的人，但是也有一些最小的孩子，没有胜过哥哥姐姐，变得胆小懦弱。

这种类型的人并不少见。有些最小的孩子超越了家里的其他所有成员，成了家里最能干的人，但是也有一些最小的孩子则不那么幸运。他们也有胜过他人的愿望，但是由于与哥哥姐姐之间的关系的缘故，他们缺乏必要的行动和自信心。如果没有胜过哥哥姐姐，最小的孩子常常会躲避自己的责任，变得胆小懦弱，成为一个永远在找借口逃避自己责任的“原告”。他的野心并没有变小，不过他采用了另一种野心，这种野心强迫他设法摆脱自己的处境，在生活的必要问题之外满足自己的志向，从而他可以尽可能地避开对他能力的真正检验。

毫无疑问，许多读者一定会想到，这个最小的孩子表现得好像他受到了忽视一样，他好像心里有种自卑感。在我们的研究中，我们总能发现这种自卑感，并总能从他的痛苦情绪中推断出他的精神发展性质和方式。从这个意义上来讲，最小的孩子就像一个带着器官缺陷来到这个世界上的孩子一样。他所感受到的并不一定就是真实情况。对他们来说，自己身上究竟发生了什么并不重要，他是否真的低劣也并不重要，重要的是他对自己境况的解读。我们非常清楚，人在童年时期很容易犯错。在那个时期，孩子面临的是许多的问题、许多的可能性以及许多种推论。

教育者应该做些什么呢？他要不要激发孩子的虚荣心，给他施加额外的刺激呢？他应该不断地将孩子推到聚光灯下，从而使他总做到第一吗？这将是对生活挑战做出的一种无益的反应。经验告诉我们，一个人是不是第一并不重要。更好的做法反而是往另一个方向强调，告诉孩子说做到第一或者成为最好并不重要。我们真的厌倦了那些除了是第一或最好之外别无长处的人。经验和历史都说明，幸福并不在于是不是第一或最好。向孩子传授这样的原则会使他变得片面，而且最重要的是会使他丧失了一个做好人的机会。

这种教导的第一个后果是，孩子会只考虑自己，只一门心思想着别人是否会超过他。对他人的嫉妒和仇恨、对自己地位的焦虑，会显露在他的精神中。这个最小的孩子，他在生活中的位置使他成了一个超速者，竭力要击败其他所有孩子。他精神中的那个参赛者，那个马拉松运动员，通过他全部的行为，尤其是一些小动作，表现了出来。这些小动作，对那些没有学会依据人的所有人际关系对人的精神生活进行判断的人而言，并不明显。比如，这些孩子常常会走在队伍的前头，他们不能容忍任何人走在他们前面。类似这样的赛道态度是很多孩子的性格特征。

有些这种类型的最小的孩子特点非常鲜明，虽然其他的类型也很常见。在最小的孩子中，我们发现有一些非常活跃、非常有能力，甚至于成了全家人的救星。想想《圣经》里面约瑟夫的故事！这是对家里年龄最小的孩子的境遇的一个精彩阐述。似乎是过去的历史有意要跟我们讲述这个故事，我们今天费尽心力获得的证据清晰地表明了这一点。在数个世纪的历程中，许多珍贵的资料都遗失了，我们必须设法再找到它们。

还有一类孩子也很常见。考虑一下我们的马拉松选手突然遇到了一个他认为自己无法跨越的障碍时的情形吧。他会试图绕过去，避开这个障碍。这种类型的最小的孩子在丧失勇气后，会变成我们所能想象的最彻头彻尾的懦夫。我们发现他会远离前线，任何工作都似乎超出了他的负荷，他会变成一个名副其实的"借口艺术家"，不愿尝试任何有用之事，将自己的全部精力都用在浪费时间上。在一切现实冲突中，他总是失败。我们常常会发现他小心地寻找活动领域，寻找其中不存在任何竞争可能性的活动领域。他总会为自己的失败找借口，他也许会声称，他太柔弱或太过于受宠了，或者是他的哥哥姐姐们不让他有所发展。如果他真的有生理缺陷，他的命运会更悲惨。那样的话，他肯定会利用自己的柔弱来为自己的逃避开脱。

这两种孩子都不可能成为优秀的社会成员。在看重竞争的社会里，第一类孩子会生活得好一些。这类孩子只会通过牺牲他人来保持自己的精神平静。而第二种孩子一直生活在自卑感的压力之下，永远因为无法与生活达成和解而痛苦。

家里最大的孩子也有极其明显的性格特征。首先，他的优越地位对他的精神发展很有好处。历史一再确认，长子拥有特别有利的地位。在许多民族、许多阶层中，这一优势地位已经成为传统。比如，毋庸置疑，在欧洲的农夫中，长子从很小的时候就知道自己的地位，意识到有一天他会接管家里的农场，因此他发现自己的地位远远优于那些知道自己将来必须离开父亲的农场的孩子。在其他社会阶层，人们通常认为，长子将来会成为一家之主。即便在这个传统并没有切实明确下来的阶层中，比如在一般的小资家庭或无产者家庭里，最大的孩子通常也被认为有足够的能力和常识，可以成为父母的助手或者代言人。我们可以想象，经常被周围的人委以责任对一个孩子来说是多么重要。我们可以想象，这样的孩子，他的心理过程多多少少是这样的："你更高大、更强壮、更年长，因此你必须要比他人更聪明。"

家里最大的孩子也有极其明显的性格特征。他的优越地位对他的精神发展很有好处。历史一再确认，长子拥有特别有利的地位。

如果他在这方面的发展没有受到阻挠，那么我们将会发现他具有维护规则、维护秩序的性格特征。这类人对权力特别看重。这种看重不仅是对他们的个人权力而言，更会影响到他们对权力概念的整体评判。权力对于最大的孩子来说，是不言自明的东西，是很有分量、必须予以尊重的东西，也就难怪这类人性格明显保守。

> 第二个出生的孩子不断地想在压力之下争取优势地位。

家中的第二个孩子对权力的追求自有其特殊的微妙之处。第二个出生的孩子不断地想在压力之下争取优势地位：决定他们生活中一切活动的赛道姿态在他们的行为中表现得特别明显。家里有一个人在他之前已经获得权力，这个事实对第二个孩子来说是一个很强烈的刺激。如果他能够发展自己的权力，与老大进行竞争，他通常会以极大的热忱迈步前进。同时，在老二威胁着要超过他之前，拥有权力的老大感到自己相对很安全。

这种情形在《圣经》关于以扫（Esau）和雅各（Jacob）的传说中也有非常生动的描述。在这个故事中，兄弟之间的斗争非常残酷，不是为了实际的权力，而是为了权力的幻影。在类似这样的事例中，斗争以某种强迫性进行着，直到老二的目标达成，老大被推翻，或者老二输掉斗争，退避开始。这种退避常以神经症的方式表现出来。老二的态度跟贫穷者的嫉妒很像，这其中的一个重要特点就是他总是被轻视、被忽略。第二个孩子也许是把自己的目标定得太高了，以至于终生为之痛苦，这打破了他内心中的和谐，打破这种和谐的不是真正的社会事实，而是瞬间消失的杜撰和毫无价值的幻影。

独生子女毫无疑问会发现自己处于一种非常特殊的境遇中。他完全在周围人的教育方法摆布之下。他的父母可以说是在这件事上别无选择。他们将自己的所有教育热情都贯注在他们唯一的孩子身上。他变得高度依赖他人，时常等着别人来给他指明路径，时时刻刻都在寻求他人的帮助。一直被人娇惯着，他不习惯面对任何困难，因为总有人帮他清除路上的障碍。因为始终是关注的焦点，所以他很容易觉得自己真的是做大事的人。他的地位如此不利，所以错误的姿态在所难免。如果他的父母能理解他的处境中存在的危险，那么其中的许多危险是有可能避免的，但是即使最乐观地看，要做到这一点也是很难的。

独生子女的父母经常异常小心谨慎，他们自己经历过生活中的重重危险，因此对自己的孩子总是过分关心。而孩子反过来将他们的关注和告诫看成了额外的压力来源。对孩子健康和安乐的持续关注最终促使孩子认为这个世界是一个充满敌意的地方。他心中升起对困难的永久担忧，他处理困难的方式生疏而笨拙，因为他只经历过生活中那些令人愉快的事。这样的孩子在任何独立的活动中都会遇到困难，他们迟早会成为生活中的无用之人。他们在生活中的行动注定会失败。他们像是无所事事的寄生虫，只会享受生活，同时需要他人时时关心他们的需求。

还可能会有其他组合：几个或同性或异性的兄弟姐妹，彼此之间互相竞争，因此对任何一种情况做出评价都是相当困难的。这里要谈的是一个男孩几个女孩这种情况。女性的影响力在这样的家庭中占支配地位，那个唯一的男孩则成了背景，尤其是如果他年龄最小，觉得自己跟一堆女的属于两个阵营的话。他力争认可的努力会遇到极大的阻碍。他承受着来自各方的威胁，从未确定地感受到我们这迟钝的男性文明赋予每位男性的特权。持久的不安全感，即没办法对自己的人生价值做出评判，是他最大的性格特征。他也许会备受身边这些女性的胁迫，从而觉得男性只配占据一个卑微的位置。一方面，他的勇气和自信心可能会轻易消失，另一方面，他也许会深受刺激，以至于逼着自己做出更大的成就。这两种情形都来自同一种境遇。这类男孩最终发展如何，取决于其他伴随情况以及其他与之密切相关的现象。

因此，我们看到，儿童在家里的地位也许会影响到他与生俱来的所有本能、取向、能力等。这种断言使特殊的性格特征或天赋来自遗传的理论失去了价值，后者对教育中的所有努力而言是非常有害的。毫无疑问，有些时候或者在有些情况下，我们可以明显地看到遗传带来的影响。比如，在一个完全远离父母长大的孩子身上，会出现一些相似的“家族”特征。如果我们还记得孩子的某些错误发展类型与遗传来的身体缺陷密切相关，那么这个问题就更好理解了。以某个天生体弱多病的孩子为例，体弱多病反过来使他对生活中的需求和自己的环境感到紧张不安。如果他的父亲也是生来带着类似的器官缺陷，对这个世界也同样感到紧张不安，那么就难怪会导致相似的性格特征了。从这个观点来看，后天的性格来自遗传这种理论的依据是很不充分的。

从我们之前的描述中，我们可以认为，无论儿童在发展中受到了什么样的错误带来的影响，其最严重的后果都来自他的这样一种欲望：想要高高凌驾于所有同类之上，想要获得更多能使他处于相对优势地位的个人权力。在一些文化中，他实际上被迫根据一个固定的模式发展。如果我们希望阻止这种恶性发展，我们必须知道他必然会遇到什么样的障碍并且理解这种障碍。有一种基本观点可以帮助我们克服所有这些障碍，那就是社会感发展观点。如果这种发展成功了，那么障碍就会变得无足轻重，但是由于这样的发展机会在这些文化中相对非常稀少，因此孩子在发展中遇到的困难就在其中起着重要的作用。一旦认识到这一点，当我们发现许多人终其一生为自己的生活奋斗而有些人则终生生活在痛苦中时，我们就不会感到惊讶了。我们必须明白，他们都是某种错误发展的牺牲品，这些错误发展带来的不幸后果是，这些人对待生活的态度也是错误的。

因此，在对我们的同类做出评判时，我们要万分谦逊，而且最重要的是，永远不要做任何“道德”评判，不要针对某个人的道德价值做任何评判！相反，我们必须使我们对这些事实的了解具备社会价值。我们必须充满同情地对待出错了的、被误导了的人，因为我们比他更了解他内心深处正在发生的一切。这就催生了关于教育的新观点。对错误的源头的认识使我们手中掌握了许多能促进改善和提高的有力工具。

通过对人的精神结构和精神发展的分析，我们不仅获悉了他的过去，而且还能进一步推断他的未来会是什么样子。因此，我们的科学使我们对人的本质有所了解。人对我们来说成了一个活生生的个体，而不再仅是一个扁平的轮廓。因此，对他作为一个人的价值，与我们这个时代的一般看法相比，我们的认识会更丰富、更有意义。

第二部分

性格的科学

第 9 章

总　　论

性格特征不是遗传来的能力的展现，而是人为坚持了某种特殊惯态而习得的。

性格的本质和起源

我们所说的性格特征，是努力使自己适应其所生活在其中的世界的个体的一些具体表现模式的显现。性格是一个社会性的概念。只有在我们考虑个体与他的环境之间的关系时，才会谈到性格特征。所以，鲁滨逊·克鲁索（Robinson Crusoe）到底是什么性格，几乎没什么意义。性格是一种精神态度，它是个体与所处的环境打交道时体现出来的特质和禀性。它还是一种行为模式，根据这种行为模式，个体对自身重要性的追求淋漓尽致地体现在他的社会感中。

我们已经看到，优势地位、权力以及征服他人等，是指引大部分人活动的目标。这个目标调整着人的世界观和行为模式，并指引个体的各种精神表达进入具体的渠道中。性格特征只是任何人生活方式、行为模式的外在表现，所以它们能使我们理解个体对他的环境、对他周围的人、对他生活于其中的社会以及对总体的生存挑战所持的态度。性格特征是工具，是个性为了获得认同和重要性所采用的计谋。它们在个性中的存在等同于技能之于生计。

性格特征并不像许多人所认为的那样来自遗传，也不是一种先天存在。我们应该将它们看作一种类似于存在模式的东西，能使每个人在任何情况下无须有意识地进行思考就可以自行其是并表现自己的个性。性格特征不是遗传来的能力的展现，也不是倾向或癖好，而是人为坚持了某种特定习性而习得的。比如，一个小孩并不是天生懒惰，他之所以懒，是因为对他而言，懒惰是使生活变得容易的最合适的一种方式，同时还能使他维护自身的重要感。在懒惰模式下，权力态度可以得到一定程度的展现。一个个体也许会将注意力放在某种先天缺陷上，从而在遭遇失败时为自己挽回面子。这样的反省带来的结果总是类似这样的："如果没有这种缺陷，我的天资将会发展得非常好。但是不幸的是我有这种缺陷！"因为不择手段地追求权力而与自己周围的人长期冲突不断的个体则会发展起任何能使他在冲突中获胜的权力表现，比如野心、嫉妒、不信任等。我们认为，这样的性格特征与个性彼此难分，但是它们既不是遗传来的，也不是不可改变的。更仔细的观察显示出，已经有人发现，它们对行为模式而言是必须的、适当的，而且，正是为了适应行为模式，人们才习得了这种性格特征，这种习得有时候甚至是在个体年龄还很小的时候就开始了。它们不是主要因素，而是次要因素，在个性的隐秘目标的驱使下成了个体的一部分。我们必须从目的论的观点出发对它们进行评判。

我们来回忆一下我们之前的阐释。在前面的阐释中，我们已经表明，个体的生活方式、活动、行为、观点立场，都与他的目标密切相关。如果心中没有明晰的目标，我们就无法进行任何思考，也无法将任何事情付诸行动。在孩子心灵的黑暗背景中，这个目标已经存在，从他的人生早期开始，就指引着他的精神发展。它赋予他的生活以形式和特性，并带来了以下事实：每个个体都是一个特殊而自然的联合体，不同于其他任何个性的联合体，因为他所有的动作以及所有的生活表现都指向一个共同的、独特的目标。认识到这一点意味着，一旦我们知道了某个人的模式，我们就能认出他来，无论我们发现他正在做出什么行为。

就精神现象和性格特征而言，遗传在其中扮演着相对来说不那么重要的角色。没有任何与现实相关的论据可以支持性格来自遗传的理论。对个体精神生活中的任何特殊现象进行调查研究，追查到他的人生初期，一切好像确实来自遗传。有一些性格特征是整个家庭、整个国家或整个种族的人共有的，这其中的原因仅仅在于这个事实：一个个体通过模仿或者在与他人的活动产生共鸣的过程中从另一个个体身上习得了这些性格特征。在肉体生活和精神生活中，存在着一些现实、特质、表现和形式，在我们的文明中，它们对任何青少年都有特殊的重要意义。它们的共同特征是会诱发模仿。因此，对知识的渴望——有时候会表现为一种想要看的欲望，能够使那些有视觉器官缺陷的孩子产生“好奇心”这种性格特征，但这种性格特征的发展并非必然。如果这个孩子的行为模式需要的话，这种相同的对知识的渴望还有可能会发展成另一种截然不同的性格特征。这个孩子还有可能会研究一切事物，将它们拆开，或者将它们拆成一片一片的，来自我满足。在另一种情况下，这个孩子也许会成为一个书呆子。

我们可以用大体上相同的方法对那些有听觉障碍的人的不信任感进行评估。在我们的文明中，他们处在极大的危险中，会以极其敏锐的注意力感受那种危险。而且，他们还会遭受嘲弄、歧视，而且常常被人认为是残废。这些因素对于个体发展出不信任的性格而言极为重要。由于聋哑人感受不到许多乐趣，所以难怪他们会对这些乐事充满敌意。但是，认为他们天生就具有不信任的性格，这种设想也毫无理由。那种认为犯罪性格与生俱来的理论也同样是错误的。对于一个家庭里出现许多个罪犯这种论据，我们可以通过注意这个事实对其进行有力的反驳：家庭传统、对世界的看法态度以及坏的榜样都与此有着紧密的关系。在这样的家庭里长大的孩子从童年早期开始就被传授：偷窃是一种合适的谋生手段。

> 孩子在追求重要性的过程中，会以自己环境中那些已经很重要、已经深受尊敬的个体为榜样，将他们当成自己的理想楷模。

我们可以用非常相似的方法思考“力求获得认可”这种性格特征。每个孩子在人生中都面临着许多障碍，所以每个孩子在成长中都力求获得某种形式的重要感。这种追求采取的形式是可以交替的，而且每个人处理个人重要性这个问题的方式都是独特的。那种认为孩子的性格特征与他们父母的性格特征相似的论断，很容易通过这个事实得到解释：孩子在追求重要性的过程中，会以自己环境中那些已经很重要、已经深受尊敬的个体为榜样，将他们当成自己的理想楷模。每一代人都是以这种方式向前人学习，并在权力追求可能会带来的极大困难和复杂性中维护着所学到的东西。

优越性目标是一个隐秘的目标。社会感的存在使这个目标无法公然发展。它只能秘密地发展，并将自己掩藏在友好的面具之下！然而，我们必须重申的是，如果我们人类能更好地相互理解的话，它绝不会这样繁盛地滋长。如果我们能达到如此地步，即每个人都能更有洞察力、更透彻地洞悉他人的性格，那么我们就不仅能更好地保护自己，而且能同时使他人更难于表达他对权力的追求，使他得不偿失。在这样的情况下，对权力的隐秘追求就会消失。因此，更密切地洞察这些关系，并利用我们已经获得的实验证据，将会使我们获益匪浅。

我们生活在如此复杂的文化环境中，因此进行适当的生活教育变得极其困难。人们已经被剥夺了培养心理敏锐性的最重要的手段，而且，直到现在，学校的唯一价值就是把生硬的知识摆在孩子面前，让他们吞下他们能吞或愿意吞的东西，而并不特别去激发他们对这些知识的兴趣。然而即便有这样的好学校，其数量也无法满足人类的需求。理解人性的最重要的前提至今仍被忽视。我们自身也都是在老式的学校里学习衡量人类的标准。在这里，我们学会区分好坏，辨别好坏。我们没有学习如何改变我们的观念，结果，我们就将这种欠缺带入了生活，至今仍受这种欠缺的困扰。

作为成年人，我们仍然还在使用我们童年时期接受的偏见和谬误，就好像它们是神圣的律条一样。我们仍然没有意识到，我们已经陷入了复杂的文化带来的困惑中，我们已经采取了这种观点：这些观点虽然是对事物的真实认识，却使这种认识变得不可能。在最后的分析中，我们从提高个人自尊心的角度着手解释一切，为的是我们能变得更强大。

社会感对性格发展的重要意义

仅次于对权力的追求，社会感在性格的发展中扮演着第二重要的角色。正如对重要性的追求一样，对社会感的追求表现在孩子最早的精神趋向中，尤其表现在他们交往和温情的欲求中。之前我们已经讨论了社会感的发展条件，在这里我们只简要回想一下这些条件。第一，社会感既受自卑感的影响，也受它的补偿心理（对权力的追求）的影响。人类身上存在着各种各样的自卑情结。精神生活过程，即寻求补偿、要求安全感和完整感的骚动，早在自卑感出现的时候就开始了，其目的是在生活中获得宁静和幸福。我们必须对孩子坚持的指导规则源于我们对他的自卑感的认识。这些规则也许可以总结为这样的告诫：我们一定不能使孩子的生活过于悲苦，必须阻止他太早地了解到生活的黑暗面，同时，我们还必须使他有体验生活中的快乐的可能。第二，经济性的条件在这里开始起作用。不幸的是，孩子常常在没必要的悲苦环境中成长，误解、贫穷和匮乏是可以避免的现象。第三，器官缺陷扮演着重要的角色，因为它们会使人失去正常生活的可能，并使孩子认为他需要特殊的权力和特别的规则以确保自身的生存。就算我们手中掌握所有这些，我们也无法避免这样的事实：这样的孩子将会在生活中体验到令人不快的困苦，而这种体验反过来会带来很大的危险，使他们的社会感变得扭曲。

我们唯有以社会感作为标准，并据此对个人的思想和行动进行衡量，才有可能对一个人做出评判。我们必须坚持这一立场，因为社会中的每个个体都必须肯定社会中的这种关联性。这种关联性使我们多多少少清楚地认识到我们应该向我们的同类贡献什么。我们都处在生活中，处在社会生活逻辑的支配下。这决定了我们需要一些已知的标准来对我们的同类进行评估。任何个体身上的社会感发展程度是衡量他的价值的唯一标准，也是普遍有效的标准。我们对社会感的心理依赖不容否认。事实上，没有哪个人能够完全脱离社会感，没有任何理由能够使我们逃避对我们的同类的责任。社会感不停地向我们发出警示之音。这并不意味着社会感就不间断地存在于我们的有意识思维中，但是我们确实坚持认为，要扭曲社会感，要把社会感撇在一边，需要调动一定的权力才行，而且，社会感的广泛必要性不允许任何人在没有社会感为其辩护的情况下开始行动。每个行动和思想都需要有正当理由，这种需求来自社会联合体的无意识层面。起码它决定了我们必须经常为自己的行动寻找情有可原的环境。在这当中产生了生活、思想和行动的特殊技巧，这些技巧使我们希望一直与社会感保持和谐的关系，或者至少用貌似的社会关联性来欺骗自己。总之，这些解释表明，有某种像社会感的虚幻的东西存在，它像一层面纱遮盖了某些倾向。单是发现这些倾向就足以使我们对某个行动或某个个体做出正确的评估。个体带有欺骗性质的自我评价倾向增加了我们在评估社会感时的困难，正是这种困难将我们对人性的理解提升到了科学的高度。现在我们将举几个例子，来说明社会感可能会被怎样误用。

有一个年轻人曾经说，他和几个同伴游泳到了海中的一个岛上，并在那里待了一段时间。他的一个同伴将身子从一个悬崖边上探出去，失去平衡掉进海里去了。这位年轻人探出身子去，非常好奇地看着自己的同伴往下坠落。后来在想起这件事情的时候，他突然想起，他没有将自己的行为看作出于好奇。后来的发展是，掉进海里的那个年轻人被人救了起来，但是就这位讲述者而言，我们可以肯定的是，他的社会感一定非常淡薄。就算他将来跟我们说他这辈子从来没有伤害过任何人，说他时不时地对他人好言相加，我们也不会受骗，认为他并不乏社会感。

这种大胆的假设必须经过进一步的事实的印证。这位年轻人经常做的一个白日梦的内容是，他发现自己被关在一间与所有人隔离的很小的屋子里，那间屋子位于森林中央。这一图景也是他绘画时最喜欢的主题。任何了解幻想、了解他以前历史的人，都会很轻易地看出，他的社会感的匮乏在他的梦里得到了确认。如果我们不带任何道德评判地指出，他是在社会情感发展过程中受阻，并被导向错误方向的受害者，我们就不会对他有不公的对待。

有一件轶事可以很好地显示真正的社会感和虚假的社会感之间的区别。一位老太太在试图登上一辆公共汽车时滑了一下，摔倒在雪地上。她站不起来，许多人匆匆从她身边经过，没有注意到她的困境。最后，一位男士走到她身边，帮助她站了起来。就在这时，另一位男士本来躲在某个地方，突然跳到她身旁，对这位侠义的救助者说道："谢天谢地！我终于发现了一个可敬的人。我已经在这里站了五分钟了，等着想看看会不会有人帮这位老太太站起来。你是第一个这样做的人！"这个事件表明了假装的社会感可能会如何被滥用。一个人可以通过这种明显的把戏将自己树立为评判他人的"法官"，向他人撒播赞扬和责备，但是自己只当旁观者，连根手指都没动一动去帮助改善局面。

还有其他更为复杂的实例，在这些实例中，我们很难确定社会感的强弱。除了彻底地对它们进行研究之外，别无他法。只有这样做，我们才不会长久地被蒙在鼓里。比如，有一个关于一位将军的例子，他虽然知道战役已经大势已去，但是仍强迫成千上万的士兵去做无谓的牺牲。这位将军当然会说，他这么说是为了国家的利益，而且许多人也都赞同他的说法。但是我们很难将他视为一个真正的社会人，无论他提出什么样的理由为自己辩解。

在这些不确定的案例中，我们需要一个具有普适性的观点立场，才能做出正确判断。对我们来说，我们可以在社会有用性以及全体人类的共同福祉理念中找到这种观点立场。

如果我们采用这种观点立场，我们在对某个特定案例进行评判时将很少遇到困难。

社会感的程度体现在个体的每一个活动中。它可能会非常明显地表现在个体的外在表现中，比如，他看待另一个人的方式、他与人握手的方式或者他说话的方式。他的全部个性也许会以这种或那种方式给人留下难忘的印象，这种印象我们几乎可以本能地感知到。有时候，我们会无意识地从一个人的行为中得出非常深远的结论，以至于我们自身的态度都完全取决于这些结论。在这些结论中，我们仅仅是将这种本能的认识带入意识之域，并因此使得自己可以对其进行检验和评估，为的是避免犯下更大的错误。这种向意识之域的转移中蕴含的价值在于，我们不会那么容易接受错误的偏见。当我们容许自己在无意识领域（在这无意识之域，我们既无法控制自己的活动，也没有机会做任何修正）时，这种偏见就会活跃起来。

> 社会感的程度体现在个体的每一个活动中。只有在了解一个人的背景、环境的情况下，我们才可以对一个人的性格做出评价。

我们重申一下，只有在了解一个人的背景、环境的情况下，我们才可以对一个人的性格做出评价。如果我们从他的生活中断章取义，并对这单一现象进行评判，比如只考虑一个人的身体状况，或者只考虑他的环境和教育，那么我们就不可避免地会得出错误的结论。这个论点很有价值，因为它立刻卸去了人类肩上的重担。更好地了解我们自身，再加上我们的生活技巧，必然会带来一种更适合我们需求的行为模式。运用我们的方法去影响他人，尤其是孩子，使之朝好的方向发展，并阻挡盲目的命运（这命运，如果我们不施加影响的话，就有可能会降临到他们身上）带来的无情后果，这一切将会成为可能。因此，个体将不必仅仅因为来自一个不幸的家庭或因为某种遗传来的处境而被判给某种不幸的命运。单是做到这一点，我们的文明必然会往前迈进一步！新的一代将会成长起来，他们会勇敢地意识到，自己是自己命运的主人！

性格发展的方向

任何在个性中非常突出的性格特征必定和精神发展从童年时期就采用的发展方向相一致。这种方向可能是一条直线，也可能迂回曲折。最初，儿童沿着直线为实现自己的目标而奋斗，并形成了进取的、勇敢的性格。性格发展之初往往显示出这种积极的、进取的特征。但是这条线很容易发生转向或改变。孩子的对手会用直接攻击的方式阻止孩子实现他想要出人头地的目标。在对手更为强大的对抗力中，障碍也许是固有的。孩子会努力用一些方式避开这些障碍。他的迂回绕行将使他形成具体的性格特征。性格发展中的其他障碍，比如器官的发育不良、由于环境作用而产生的排斥和挫败，都会对孩子产生类似的影响。此外，更大意义上的环境，如社会大环境，也在其中起着重要的作用。我们文明中的其他方面，比如孩子老师的要求、怀疑和情绪，最终都将影响孩子的性格。所有教育都采用了经过精心设计的观点和态度，以使学生朝着社会生活和他所处时代的流行文化的方向发展。

任何类型的障碍对于性格的直线发展来说都是危险的。在存在这些障碍的地方，孩子借以努力实现自己的权力目标的道路，或多或少都会偏离直线。第一类孩子的态度是不受干扰的，他会直接面对这些障碍，第二类孩子会表现出一副完全不同的样子，他会明白火会令人感到灼疼，会知道自己有对手，在这些对手面前要小心行事。他会尝试迂回曲折地使用手段，而不是直接实现自己想要获得认可和权力的目标。他们的发展与他偏离的程度有关，包括是否过于谨慎小心，是否觉得自己和生活的必要性协调一致，或者是否避开了这些必要性，这都取决于前面提及的那些因素。怯懦胆小，拒绝直视他人的眼睛，或者拒绝讲真话，这仅仅是第二种类型的孩子的表现而已：他的目标与胆大勇敢的孩子的目标并无二致。虽然两个人表现不同，然而他们的目标却有可能完全一样！

这两种性格可能在某种程度上共存于同一个个体身上。当孩子的发展趋向还没有明确形成时，他的立场仍然有一定的可塑性，他并不总是采用相同的路径，而是保留着足够的主动精神，当初次尝试失败后，他们仍会去寻找另一种办法。

> 孩子面对的重重困难，再加上他对这些障碍的反应，构成了他的个性。

未受干扰的社会生活，是适应社会要求的第一前提。我们可以轻易地将这种适应传授给孩子，只要他对自己的环境不持敌对态度。只有当教育者能够将他们自身对权力的追求降到最低，以至于不让孩子产生压力的时候，家庭内部的战争才有可能会被消弭。此外，如果父母明白孩子的发展规律，他们就能避免使直线型的性格特征发展路线演变为夸张的形式，比如勇气堕落为厚颜无耻，独立堕落成赤裸裸的利己主义。同样地，他们将能够避免任何外在的、强制产生的权威使孩子变得盲目顺从。否则的话，这种有害的训练可能会使孩子变得自闭、害怕真相及坦诚带来的后果。压力被用于教育当中的时候，是一把双刃剑。它会导致出现表面上的适应。强迫性的顺从只是表面上的顺从。孩子与环境之间的大体关系会反映在他的个性中。所有可能的障碍，无论是直接地还是间接地作用于他的障碍，都同样会在他的个性中得到反映。孩子通常不能对外在的影响做出任何评论，而他周围的成年人要么对这些外在影响一无所知，要么无法理解。孩子面对的重重困难，再加上他对这些障碍的反应，构成了他的个性。

还有一种系统，根据它，我们可以对人进行分类。分类的标准是人对待困难的态度。首先，有一类是乐观主义者，这些人的性格发展大致是沿着直线发展起来的。他们勇敢地对待所有困难，并且不太把它们放在心上。他们始终对自己充满信心，相对轻松地对生活抱着一种乐观的态度。他们对生活没有太多要求，因为他们对自己有良好的评价，而且不会自我轻视或自我贬低。因此，跟那些遇到困难时只会更觉得自己软弱和无能的人比起来，他们能更轻松地面对生活中遇到的困难。即便在更困难的处境下，乐观主义者仍然会平淡安静，相信错误总会被改正过来。

我们可以即刻从乐观主义者的行为举止中认出他们来。他们不畏首畏尾，畅所欲言，既不过分谦逊，也不过于缩头缩脑。如果要用诗意的词语来形容他们的话，我们会说，他们敞开胸怀，随时准备接纳自己的同类。他们平易近人，在交友方面没有任何障碍，因为他们不多疑。他们讲话不吞吞吐吐，他们的态度、举止和步态轻松自然。除了小孩子之外，纯粹的这样的人很少见。然而，只要能有一定程度的乐观精神和社交能力，我们就会感到很满意了。

与之截然不同的另一种人是悲观主义者。在他们身上，存在着教育中的重大问题。由于童年时期的经历和印记，这些个体已经有了"自卑情结"，对他们来说，各种困难已经使他们有了这样的看法：生活不容易。由于他们的悲观主义个人哲学——这种哲学是由于他们在童年时期受到错误对待而形成的，他们总是着眼于生活中的阴暗面。跟乐观主义者相比，他们对生活中的困难更为敏感，很容易失掉勇气。在不安全感的折磨下，他们不断地寻求支持。他们求助的喊声在他们的外部行为中回响，因为他们无法独自忍受。如果他们是小孩，他们会不停地呼唤母亲，或者一跟母亲分开就会哭叫着要妈妈。这种哭叫着要找母亲的声音有时候甚至在他们进入垂垂暮年时还能听到。

这种人的病态的谨慎小心可以从他们怯懦而惧怕的外在

态度中看出来。悲观主义者永远在盘算可能的危险，他们想象这些危险马上就会到来。显而易见，这种类型的人睡眠很差。事实上，睡眠是衡量一个人发展的绝佳标准，因为睡眠障碍是在缺乏安全感的情况下过分谨慎小心的标志。就好像是为了更好地保护自己免受生活中的危险的侵害，这些人时时刻刻都处在警觉状态中。这种人在生活中几乎没有什么快乐可言，他们对生活也几乎没有什么了解！睡眠不好的人培养起来的只是一种糟糕的生存技巧。如果他们的担心真的符合事实，那么他们将根本不敢睡觉。如果生活真如他们所认为的那样悲苦，那么睡眠真的就是一种很糟糕的安排。悲观主义者往往以一种充满敌意的态度对待生活中的这些自然现象，这种倾向表明，他们对生活毫无准备。睡眠本身没必要受干扰。如果我们发现个体不断地忙着检查房间门是否认真锁好了，或者睡觉的时候不停地做各种关于强盗和盗贼的梦，那么我们就可以认为此人有悲观主义倾向。事实上，我们通过这种人的睡姿就可以识别出他们来。通常，这类人睡觉的时候总会尽可能蜷曲成极小的一团，或者睡觉时用被子蒙住头。

我们也可以将人分为攻击型和防御型两类。攻击型的人，他们的姿态往往以强烈的活动为特征。当他们有胆量的时候，会把勇气升级变成鲁莽，他们以此热切地向世界证明自己的能力，因此暴露了控制他们的深深的不安全感。如果很焦虑，他们会努力变得冷酷，以对抗恐惧。他们将“男子”气概表现到了荒唐的地步。其中的一些人则会煞费周折地压抑所有的温柔情感，因为这样的情感在他们看来是软弱的标志。攻击型的人表现出野蛮和残忍的特点，而且，如果他们有悲观倾向，那么他们与环境之间的一切关系都会发生变化，因为他们既没有产生同情的能力，也没有合作的能力，他们对整个世界都充满敌意。同时，他们的自我价值感非常高。他们会妄自尊大、不可一世、扬扬自得。他们自大得好像自己真的是征服者一样，然而他们的这种毫不掩饰和他们举动中的各种夸张，不仅使他们与这个世界关系不和谐，而且也暴露出了他们的全部性格，这种性格是建立在不安全的、不稳定的基础上的一座矫揉造作的上层建筑。他们那种也许会持续很久的攻击姿态，就源于这种性格。

他们随后的发展并不容易。人类社会并不看好这种人。他们表现得如此显眼，这个事实就使他们很不受喜欢。在持续不断地为出人头地而努力的过程中，他们很快会与他人发生冲突，尤其是跟那些与他们同属一类的人，他们激发了他人的竞争。对他们来说，生活变成了一连串的战斗。当他们遭遇无法避免的失败时，他们全部的成功和胜利都会戛然而止。他们很容易受到惊吓，无法在长期的冲突中维持自己的权力，也无力阻止自己的失败。

前进道路上遇到的挫败会对这类人产生一种逆转作用，他们的发展会在那个地方停滞，而在这种发展停滞的地方，另一种类型的发展开始了，这种发展类型是感到自己受攻击，即防御型，他们一直处于防御状态。他们补偿自己的不安全感的方式不是攻击，而是焦虑、谨慎和懦弱。我们可以肯定，如果没有前面所描述的那一种不成功的对攻击姿态的维护，就不会出现这第二种类型。这种防御型的人很快会被不幸的经历吓倒。从这些不幸的经历中，他们会推断出毁灭性的后果，并因此很容易逃跑。有时候，他们成功地掩饰自己的逃离，仿佛撤退也是一件有益的事。

因此，当他们沉溺在回忆中，浮想联翩的时候，他们实际上寻求的不过是逃避威胁他们的现实而已。他们中的有些人，在还没有完全失去主动性的时候，也许真的能做成一些并非对社会完全无益的事。许多艺术家就属于这种类型。他们从现实中退却，在幻想和理想的王国中为自己创建了另一个世界，这个世界里没有障碍。这些艺术家是规则中的例外。这种类型的个体常常会向障碍投降，并遭受一次又一次的挫败。他们害怕一切事物，害怕一切人，越来越疑神疑鬼，专门等着来自世界的敌意。

在我们的文明中，不幸的是，他们的姿态经常会由于他人加诸的糟糕经历而被强化。很快，他们会对人类身上的一切美好特质失去信心，对生活中光明的一面失去信心。这样的人身上最常见、最典型的特征是他们对外的批判态度。他们的这种态度有时候会变得如此突出，以至于他们能很快看出别人身上很不明显的缺陷。他们以人性的法官自居，自己却从不做对周围人有益的任何事情。他们忙着批判，忙着败坏他人的兴致。他们的不信任使他们养成了焦虑、犹豫的态度，然而一旦他们面临某项任务，他们就开始怀疑、犹豫，好像希望逃避每个决定。如果要形象地给这类人画幅画像，我们可以想象这样一幅画面：一个人一只手举着用以保护自己，另一只手捂着自己的眼睛，这样他就看不到任何危险。

这样的人还有其他一些令人不快的性格特征。众所周知，连自己都不相信的人也从来不会相信他人。嫉妒和贪婪不可避免地会从这种态度中发展起来。这种怀疑者所处的与世隔绝状态通常意味着，他们不愿意使别人快乐，或者不愿意与他人一起快乐。此外，对他们而言，陌生人的快乐差不多就是他们的痛苦。这种人中的有些人也许会通过一种非常有效、难以打破的把戏成功地保持一种优于其他所有人的优越感。在不惜一切代价维护自身优越感的欲求中，他们也许会形成一种非常复杂的行为模式，这种模式会复杂到他人乍一看，根本不会怀疑他们对人类持有重大敌意的地步。

传统的心理学流派

确实，在没有意识到这种研究取向时，人们也能试着了解人性。通常采用的方式是，从精神发展背景中取出一个点，然后根据这个点划分“类型”，个体可根据这些类型对自己进行定位。比如，我们可以将人分成更习惯于沉思冥想的人，这类人生活在幻想的生活中，游离于现实生活之外（跟另一种人相比，这种类型的人更难付诸行动）。另一种人很少深思，几乎从不冥想，他们忙于积极地、实事求是地、兢兢业业地处理生活中的问题。这两种类型的人都确实存在。然而，如果我们赞同这种心理学，我们将很快到达研究的终点，而且，我们可能会像其他心理学家那样，不得不满意地断言，在第一种类型里，幻想的能力得到了很好的发展，而在第二种类型里，工作的能力得到了更好的发展。我们需要发现更好的见解，知道这些是怎样发生的，它们是否属于必然，以及是不是可以避免或缓解的。由于这个原因，虽然如上面所描述的那样，其中的各种类型确实存在，但是就人性的理性研究而言，这种牵强的、肤浅的分类缺乏依据。

个体心理学抓住了精神发展中精神表现形式发源的地方，即童年早期。这种心理学已经证实，无论是从整体来看还是单独来看，这些表现要么主要受社会感影响，要么对权力的追求在其中起优势作用。有了这种观点，个体心理学就掌握了这样一把钥匙——用这把钥匙，我们可以根据一个简单但普遍适用的概念理解一个人。我们可以根据这个关键概念对任何人进行分类，这个概念应用的范围非常广大。每位心理学家在研究中既要谨慎小心，又要掌握一定的技巧，这是不言而喻的。有了这个不言而喻的前提，我们就有了一个标准，进而提出例证，说明一种精神现象中究竟是含有更大程度的社会感而夹杂着一点点对权力和特权的争取，还是其中主要是利己主义和勃勃野心，只是为了获得一丝相对于环境的优越感才做出利他行为。在这个基础上，我们不难更清楚地理解一些之前被误解的性格特征，不难根据它们在个体的整体个性中的地位对它们进行评估。与此同时，只要我们理解了任何人身上的某个特征或某个行为模式，我们就可以据此修正个体的行为。

气质和内分泌腺

气质类型是精神现象和特征的一种传统分类。我们很难知道所谓的气质究竟是什么意思。它是指人思考、说话或行动的快慢，还是指人处理任务时的能力或节奏？研究发现，心理学家对气质的本质的解释看起来很不充分。我们必须承认，科学一直无法回避这种观点：有四种类型的气质。这种观点可以追溯到久远的古代——人们最初开始研究精神生活的时代。从古希腊时代起，希波克拉底（Hippocrates）就把气质分为多血质、胆汁质、抑郁质和黏液质四种类型，这种观点被后来的罗马人继承，至今仍作为一笔宝贵而神圣的文化遗产留存在当今的心理学中。

属于多血质类型的人，在生活中能表现出一定的快乐，他们不把事情看得太严肃，不会轻易让白发长上自己的头。他们努力在每件事情里看到令人愉快的、非常美好的一面，在该悲伤的时候悲伤，但不至于崩溃，在快乐的事情里体验快乐，但不至于过分放纵。对这些人进行的详细描述表明，这些人大体是健康的人，他们身上不存在大的缺陷。对于其他三类人，我们却无法做出这种断言。

在一首古老的诗作里，胆汁质的人被描述为猛烈地踢开挡住他去路的石头的人，而多血质的人则悠然地绕过这块石头。用个体心理学的话来说，就是胆汁质的人对权力的追求非常强烈，以至于他的动作决然而激烈，他觉得自己时时刻刻都在被迫展示自己的能力。他唯一感兴趣的就是以直接的攻击方式战胜所有障碍。在现实中，这些个体在童年早期就会有更加激烈的动作。在童年早期，他们缺乏权力感，必须不断地展示自己的权力以使自己相信这种权力的存在。

抑郁质的人则给人以截然不同的印象。仍然用前面所提过的那个比喻来说明的话，那就是抑郁质的人在看见石头的时候，会想起自己的所有罪恶，会开始为过去郁郁伤怀，然后转身往回走。个体心理学认为，这种人是彻彻底底的犹豫不决的神经过敏者。他们既没有信心克服自己遇到的困难，也没有信心往前走。他们不愿冒险，宁愿原地踏步，也不愿向目标挺进。如果这样的个体继续往前走的话，他的一举一动都会万分谨慎。在他的生活里，疑虑扮演着主要角色。这种人更多地考虑的是自己，而不是他人，这种做法会使他失去更大的与生活充分接触的可能。他心中的忧虑如此沉重地压迫着他，以至于他只盯着过去，或者把时间花在徒劳的内省上。

黏液质的人大体上而言不熟悉生活。他们浮光掠影般地生活，却并不从中反思。什么都无法给他们留下深刻的印记，他们几乎对什么都不感兴趣，也不结交朋友，简而言之，他们与生活几乎毫无联系：在所有类型中，他们也许是离生活最远的人。

我们也许会因此得出结论，只有多血质特质的人是非常健康的人。然而，我们很难对一个人的气质进行一对一清晰的界定。大部分情况下，一个人都是一种或多种气质的混合体，仅此一点就使气质学说丧失了所有价值。再者，这些“类型”和“气质”也并不是固定不变的。我们发现，经常是一种气质融合在另一种气质里。例如，一个孩子可能刚开始是胆汁质的人，后来变成了抑郁质的人，而人生晚期的时候又呈现出黏液质特征。多血质个体在童年时期似乎很少有自卑感，很少表现出重大的身体疾病，也不会出现暴怒情绪，因此，他平静地发展，对生活有一定的热爱，这使得他可以以平稳的态度对待生活。

这时，科学提出了不同的意见，宣称："气质取决于内分泌腺。"医学科学的一项最新发展是认识到了内分泌腺的重要性。内分泌腺包括甲状腺、肾上腺、脑垂体、胰腺、睾丸和卵巢中的间质腺以及其他一些组织结构，我们对这些分泌腺的功能只有模糊的了解。这些腺体没有任何导管，而是直接将自己的分泌物输入血液中。

一般认为，所有的器官和组织在成长和活动过程中，都受这些被血液带到全身每个细胞的内分泌物的影响。这些分泌物起着激活剂或解毒剂的作用，它们对生命而言必不可少，但是，我们对这些内分泌腺的全部意义的了解还十分有限。研究内分泌物的科学才仅仅处于起步阶段，跟内分泌物的功能相关的确切事实还很少。既然这门新兴科学坚持声称这些分泌物决定着人的性格和气质，它要求获得认可，并且已经尝试就性格和气质给心理学思想指引方向，那么我们就必须多说一些关于它的话题。

所有的器官和组织在成长和活动过程中，都受这些被血液带到全身每个细胞的内分泌物

> 的影响。新兴科学声称这些分泌物决定着人的性格和气质。

首先，我们来讨论一下一个重要的异议。如果观察某个真实的疾病过程，比如甲状腺功能低下引起的呆小病（cretinism，又名克汀病），我们确实会发现类似于黏液质气质的精神现象。抛开这些事实不管，这些个体看起来浮肿膨大，他们的头发呈现出病态，皮肤粗糙，行动起来特别迟缓，无精打采。他们的精神敏感性显著降低，主动性几乎丧失殆尽。

现在，如果将这种情形跟我们所说的黏液质中的情形——虽然在这种情形中甲状腺并不存在可证实的病变——做个比较，我们会发现两种完全不同的景象，呈现出的性格特征也完全不同。有人可能会因此说，甲状腺的分泌物中似乎有一些东西，这些东西帮助维护着适当的精神功能；然而，我们却不能进一步说，黏液质气质起源于甲状腺分泌物的缺失。

病理型黏液质类型和我们习惯上所说的黏液质类型完全不同，心理学意义上的黏液质的性格和气质与病理型黏液质的性格和气质的区分点是个体之前的心理发展历史。作为心理学家的我们所感兴趣的黏液质类型的人从来都不是静态的个体。我们经常会吃惊地发现，这些人身上有时候会出现非常鲜明的、强烈的反应。没有哪个黏液质的人终生都是黏液质气质。我们将会明白，他的气质不过是一层虚假外壳，是过于敏感的人为自己制造出来的一种防御机制（可以想象的是，他可能因为身体原因而在生活中一直有这种防御倾向），一道将他自己与外部世界分隔开来的防御工事。黏液质气质是一种防御机制，是对生存挑战做出的一种反应，从这个意义上来讲，它与那些因甲状腺分泌不足而产生无意识迟缓、无精打采和能力不足完全不同。

也有一些实例，在这些实例中，似乎只有那些之前曾患过甲状腺分泌不足的人才会有黏液质气质，但即便这样的实例也无法推翻，心理学意义上的黏液质气质和因甲状腺分泌不足而引起的病理型黏液质气质是两码事。这并不是整个问题的关键所在。真正成问题的是许多错综复杂的原因和目的，一系列的器官活动再加上外在的影响，使人产生了自卑感。从这种自卑感中，个体可能会发展起黏液质气质，用这种方式努力保护自己免受令人不快的羞辱，免于被伤害自尊心。但是，这仅仅意味着，我们在这里特别讨论的是一种我们已经大体上讨论过的类型。在这里，甲状腺的缺陷是一种特殊的器官缺陷，它带来的后果有着决定性的作用。而且，这一器官缺陷使个体对待生活的态度更加扭曲，为此，个体尽力通过精神方法去补偿，其中黏液质习性就是一个众所周知的例子。

我们将通过考察内分泌物的其他异常，并考察从属于它们的气质来证实我们的设想。因此，我们来看一看巴西多氏病（Basedow's disease，又名巴塞多氏病，突眼性甲状腺肿）或甲状腺肿（goiter）病中甲状腺分泌过多的个体的情况。这种病的身体症状是心脏过度活跃、脉搏率过高、眼球突出、甲状腺肿大，以及四肢（尤其是手部）或多或少地有颤抖倾向。这样的病人爱出汗，而且，由于甲状腺对胰腺的次生影响，他们的胃肠器官经常运转更加吃力。这样的病人高度敏感，容易动怒，而且他们的特点是行动急促、易怒、身体颤抖，常常还伴随着很明显的焦虑状态。典型的突眼性甲状腺肿大病人很明显是一个过度焦虑的人。

然而，说这与心理学的焦虑景象完全一致，则是一个极大的错误。我们在突眼性甲状腺肿大中看到的心理学现象，包括焦虑状态、在某种体力或心理工作上的无力、容易疲劳和极度虚弱，不仅是由精神原因造成的，而且有器官原因在起作用。将它们与患有着急、焦虑性神经病症的人做个比较，我们就会发现两者之间的巨大差别。对于那些由于甲状腺功能亢进而引起精神亢奋的人、那些性格受甲状腺分泌次生影响的人、那些因为甲状腺激素而“醉倒”的人，与他们形成鲜明对照的，是那些容易激动的、性急的、焦虑的人，后者属于完全不同的另一种类型，因为后者的状态几乎完全是由他们之前的精神经历决定的。甲状腺功能亢进的个体确实在行为上与后者有一定的相似性，但是他们的行动缺少计划性和目的性，而这计划性和目的性是性格与气质的根本标志。

在这里，我们也必须讨论一下其他的内分泌腺。各种各样的内分泌腺的发展与睾丸和卵巢的发展之间的关系尤其重要。我们的论点是，只要发现有生殖腺或性腺反常，就一定会有内分泌腺反常，这已经成了生物学研究的一个基本原则。这种特殊的依存性，以及这些同时出现缺陷的原因，至今还不能完全确定。在内分泌腺有器官缺陷的实例中，我们也能得出其他器官缺陷中推导出来的结论。在生殖腺分泌不足的实例中，我们看到的是这样的个体，有器官障碍的他们发现更难使自己适应生活，为此必须有更多的精神技巧和防御机制以帮助自己适应。

对内分泌腺很感兴趣的研究者促使我们认为，性格和气质完全取决于性腺产生的内分泌物。然而，睾丸和卵巢中的腺素的极度异常并不常见。在有病理性退化的病例中，我们讨论的是特殊情况。并没有什么特殊的、直接与性腺功能缺陷相联系的精神习性，性腺中的特殊疾病并不经常会带来这种精神习性。关于内分泌学家所称的性格建立在内分泌的基础上这种说法，我们并没有找到可靠的医学依据。对有机体的生命力而言必不可少的那些刺激来自性腺，这些刺激也许决定了孩子在他的环境中的地位，这两点无可争辩。然而其他器官也可能会产生这种刺激，而且它们并不一定就是某种具体的精神结构的基础。

由于对人进行价值判断是一项很难、很微妙的工作，其中的一个错误可能就生死攸关，所以在此我们必须提出一个警告。那些带着先天性器官缺陷来到这个世界上的孩子，他们想要得到特殊的精神技巧以作为补偿，这种诱惑非常强大。但是，这种想要发展出特殊的精神结构的诱惑是可以克服的。没有哪种器官（无论这种器官处于何种境况）会必然地、不可挽回地迫使个体对生活采取某种特定的态度。它可能会使他丧失斗志，但是这是另一回事儿了。与我们刚才提到的观点相似的观点之所以有存在的可能，只是因为没有人曾试着去消除有器官缺陷的孩子在精神发展过程中遇到的障碍。我们曾任由他们陷入由于缺陷而引起的错误中；我们曾观察、审视过他们，但没有努力去帮助或者激励他们！建立在个体心理学经验之上的新的地位或结构心理学将因此在它的学说的推论中证明它的正确性，并会使现在的气质或体质心理学黯然失色。

综述

在考虑单一的性格特征之前，我们先来简单回顾一下前面讨论过的内容。我们已经得出了一个重要的论点，那就是，研究从个体的整个精神语境和人际关系中抽出来的孤立现象永远不能使我们对人性有所了解。要想了解人性，我们必须拿两个在时间上隔得尽可能远的现象做下比较，并在统一的行为模式中将它们联系起来。这种特别的策略经证明非常有用，它能使我们集合起一堆完整的印象，并通过系统的安排将它们压缩成一套可靠的性格评估方法。如果我们想要把我们的评价建立在孤立现象之上，我们会发现自己处于困住了其他心理学家和学究的困境之中，并因此不得不使用那些已经被我们发现既无用又枯燥的传统标准。然而，如果我们能成功获得一些观点（在这些观点中，我们可以运用我们的系统的影响力），并将它们合并进一个模式中，那么我们就有了一个系统，这个系统的力线清晰可见，它对人的清晰的单元评估是很有价值的。只有在这种情况下，我们才能站在坚实的科学基础之上。进一步地熟悉一个个体可能不可避免地会使我们在一定程度上改变或更正我们的判断。在尝试做出有教育意义的修正之前，我们必须独立地形成关于这个个体的清晰图景，以便根据这个系统对其进行了解。

我们已经对这样的系统赖以形成的各种方式和方法进行了讨论，而且我们已经用我们亲身经历的现象或正常人会经历的现象做了例证。除此之外，我们坚持认为，我们所创建的这个系统中有一个因素是必不可少的，那就是社会因素。仅观察精神生活中的个别现象是不够的，我们必须始终考虑它们与社会生活之间的关系。对我们的公共生活来说，最重要、最有用的基本论点是：人的性格从来不是道德评判的依据，而是衡量这个人对他周围环境的态度一个指数，是衡量他与自己所生活于其中的社会之间的关系的一个指数。

在对这些观点的详细阐述中，我们发现了两种普遍的人类现象：一种是社会感的普遍存在，它将人与人联系在一起，是我们的文明取得的一切伟大成就的基石。社会感是我们可以用来有效地衡量精神生活中的现象的唯一标准，它使我们能够断定个体身上所具备的社会感总量。如果我们知道一个个体对待社会的态度，知道他在人类中如何表现友情，知道他如何使自己的存在有益于社会而且重要，我们就对这个人的精神有了全面的认识。然后我们发现了评估个体性格的另一个标准，即争取个人权力与优势地位的倾向和努力，这种倾向和努力与社会感是针锋相对的。掌握了这两点，我们就可以理解人相应的社会感程度对人与人之间的关系的影响。这是一场动态游戏，是几股力量形成的平行四边形，这些力量的外在表现就是我们所谓的性格。

第 10 章

攻击型性格特征

一旦个体对认可的追求占了上风，他会用更紧张、更激烈的行动追求这个目标。

虚荣与野心

一旦个体对认可的追求占了上风，其精神生活就会出现一种更紧张的状态。结果，对个体来说，权力和优势地位目标变得越发明显，他会用更紧张、更激烈的行动追求这个目标，他的生活会成为对巨大胜利的期待。这样的个体丧失了现实感，因为他与生活失去了联系，一直在忙着思索别人对他持什么看法，总是关心自己留给别人的印象。他的行动自由受到了极大的限制，虚荣成了他最明显的性格特征。

或许，每个人都有一定程度的虚荣心。然而，人们认为将虚荣心表现出来就不好了。因此，人们常常掩饰、掩盖自己的虚荣心，于是虚荣心转化为各种形式出现。比如，有一种形式的谦虚，其实就是虚荣。有些人可能会虚荣到从不考虑别人的意见，还有些人则强烈地寻求公众的认可，并利用这个从中获得好处。

虚荣一旦超过了一定程度，就会变得极其危险。虚荣会导致个体做各种各样的无用功——更与事物表象而不是与事物实质相关的无用功，会使个体满脑子都只考虑自己，或者最多只考虑别人对他的看法，除这些之外，虚荣最大的危险在于，会使个体迟早与现实失去联系。他会理解不了人与人之间的相互联系，他与生活之间的关系会发生扭曲。他会忘了自己活着的义务所在，尤其看不到大自然需要每个人做出的贡献。没有其他恶劣缺点能像虚荣这样如此阻碍人的自由发展，因为个人的虚荣会使个体在对待每一件事和每一个人时都带着这种疑问："我能从中得到什么？"

人们习惯于用更好听的词（比如"雄心"）来代替虚荣或自大，以帮助自己避免麻烦。想想，曾有多少人非常自豪地告诉我们说他们多么雄心勃勃！"充满干劲"或"积极向上"这些词也常常被用到。只要这种干劲能证明自己对社会有益，我们就可以承认它的价值，但是通常情况下，"勤勉""积极""干劲"和"进取"等所有这些词语都不过是用来掩盖极度虚荣的外衣而已。

虚荣很快会使个体超越规则行事。更为常见的是，它会使个体成为他人的干扰者，因此，我们常常发现这些无法满足自己虚荣心的人竭力阻止他人充分地表现自己的生命活力。虚荣心还处于发展阶段的孩子会在危险的境况中展示自己的勇敢，他们喜欢在弱小的孩子面前展示自己的强大，与这相关的一个例子是残忍地对待动物。其他已经在某种程度上受挫的孩子则会努力用各种各样不可理喻的琐碎小事来满足自己的虚荣。他们逃避工作中的主战场，而在生活中的次要活动中扮演英雄的角色，以此满足自己对存在感的追求。那些经常抱怨生活多么悲苦、抱怨命运待他们非常不公的人，就属于这种类型。他们这样的人想让我们知道，假如他们不是受了如此糟糕的教育，假如不是因为有一些不幸发生在了他们身上，他们就会是今天的领袖。他们不断地找借口，逃避真实的生活；他们的虚荣心只有在他们为自己创造的梦中才能实现。

> **虚荣很快会使个体超越规则行事。更为常见的是，它会使个体成为他人的干扰者，无法满足自己虚荣心的人竭力阻止他人充分地表现自己的生命活力。**

普通人会发现很难与这样的人相处，因为不知道如何评价他们。虚荣的人总是知道如何将任何错误的责任都转嫁到别人身上。他总是对的，别人总是错的。然而，在生活中，谁对谁错其实真的没有太大意义，因为唯一重要的是个人目标的实现，以及对他人的生活所能做出的贡献。虚荣的人忙着抱怨、找借口、申辩，而不是做各种贡献。这里我们讨论的是人类内心深处那些曲折隐秘的想法，以及个体不惜一切代价想要维护自己的优越感、保护自己的虚荣心免受羞辱的企图。

在这个问题上，常常有人提出异议，没有远大的野心，人类永远不会取得这么大的成就。这是一个从错误的视角出发得出的错误观点。由于没有人能完全摆脱虚荣心，因此每个人身上都有一定的虚荣心。但是决定人的活动采取普遍有用性方向的绝不是这种虚荣心，给人以力量、使他取得伟大成就的也绝不是这种虚荣心！这样的成就只有在社会感的刺激下才可能会产生。充满创造力的作品只有凭借其社会含义才会变得有价值。创造过程中出现的虚荣心只会降低它的价值，干扰它的创造；在真正充满创造力的作品中，虚荣心的影响并不大。

然而，在我们时代的社会氛围中，要想完全摆脱虚荣心是不可能的。认清这一事实本身就是一笔宝贵的财富。有了这种认识，我们就触及了我们文明中的一个痛点，这个因素正是许多人终身不离灾难和不幸、永远不幸福的罪魁祸首。这些人很可怜，他们不能与任何人好好相处，无法调整自己适应生活，因为他们全部的目的就是使自己显得比实际上好。也就难怪，他们很容易陷入冲突之中，因为他们只关心自己在他人心中的声誉。在人类遭受的最复杂的困境中，我们将会发现，最基本的困境就是人为了满足自己的虚荣心所做的徒劳的努力。对我们来说，在努力理解某种复杂的个性时，能够确定虚荣心的程度、虚荣心的活动方向以及为了实现自己目的会采取什么手段，这是一种重要的技巧。这样的一种理解总会让我们明白，虚荣心对社会感会有怎样的不健康影响。虚荣和体谅不可能共存。二者永远不可能结合在一起，因为虚荣心不会容许个体向社会规则低头，当然也就不可能原谅他人。

虚荣决定了虚荣者的命运。虚荣的发展会一直受到源自公共生活的理性异议的威胁。社会和公共生活是不可战胜的绝对法则。因此，虚荣在发展早期就被迫将自己隐藏起来，伪装起来，迂回地实现自己的目的。虚荣的人总是会变成严重疑虑的俘虏，他怀疑自己是否有能力实现他的虚荣要求他取得的胜利，而在他做梦和权衡的时候，时光飞逝而去。当时光逝去之后，虚荣的人又有了托词，他说自己从来没有机会展示自己的能力。

通常情况下，事情的结局是这样的：个体追求特殊地位，远离生活的激流，而且，站在远处，观察其他人的举动，带着某种不信任。因为这种不信任，每个人在他们看来都是敌人。虚荣的人必须采取攻击和防御姿态。我们常常会发现他们陷在深深的怀疑中，纠缠于一些似乎很合理的重要考量中，这种考量给人一种很有道理的假象。但是就在这一考量过程中，他们浪费了重要的机会，与生活和社会失去了联系，放弃了每个人都必须完成的工作。

如果更仔细地观察他们，我们会发现隐藏在虚荣背后的东西——一种想要征服一切人和事物的欲望，它以千百种形式反映出来。这种虚荣在每一种态度中、在他们的衣着打扮中、在他们的说话方式中以及在他们与他人的接触中表现得很明显。总而言之，无论从哪方面看，我们都会看到虚荣者身上的虚荣迹象，都能看到虚荣者的野心勃勃，他们不择手段，只要能获得优越地位。由于这种外在表现令人不快，所以虚荣的人，如果聪明，如果能认识到他们自身与被他们拒绝的社会之间的距离的话，会竭尽全力将虚荣的外在表现掩饰起来。于是我们就会发现一些外表看起来谦虚、几乎忽略自己的外表以期表明自己不虚荣的人！有一个故事说，苏格拉底对一个穿着破衣烂衫走上演讲台的人说："雅典的年轻人啊，你的虚荣正通过你长袍上的每个破洞向外窥视呢！"

有些人深信自己不虚荣。他们只看外在，他们知道虚荣藏在更深的地方。比如，虚荣也许会以这样的形式表现出来：有人总是想要在自己的社交圈子中占据整个"舞台"，必须一直占着那个"舞台"，或者总是根据自己是否能守住"舞台"的中央位置来评判社交聚会的好坏。还有些同属于这一类的人从不参与社交，尽可能地逃避社交。这种逃避也许会以各种形式表现出来。不接受邀请、迟到或者迫使主人哄诱他、恭维他，然后才来，这些都是虚荣伎俩的一些表现。还有些人只有在特定的情况下才参加社交，他们的虚荣就表现在他们的"孤傲"中。他们自豪地将这当成一种值得称赞的性格特征。还有些人则希望出席所有的社交聚会，他们的虚荣就表现在这里面。

我们一定不要认为这都是些无关紧要的细节，其实它们深深地根植在人的精神之中。事实上，有这些特征的人，他的个性之中肯定没有多少属于社会感的位置；他更有可能是社会的破坏者，而不是朋友。只有具备伟大作家的生花妙笔，才能将虚荣的各种表现形式描述出来。我们则只是试着勾勒出它们的简单轮廓。

我们在所有的虚荣者身上发现的一种动机表明，虚荣的人制造出了一个今生都不可能实现的目标。超越世界上的所有人是他的目标所在，这个目标是他的无力感带来的结果。我们可以猜想，任何虚荣心显著的人，他们的自我价值感都很低。也许有些人认识到自己的虚荣产生于无力感很明显的时候，但是，除非他们有效地运用自己的这种认识，否则空有认识，不会有任何结果。

虚荣在人生很早的时候就开始发端。通常所有的虚荣心中都有一些很幼稚的东西。因此，虚荣的人总给我们一种幼稚的感觉。对虚荣的发展有决定作用的情形多种多样。一种情况是，孩子觉得自己被忽略，因为所受的教育不够，他感到自己渺小得令他难以忍受。还有些孩子由于家庭传统而产生了某种桀骜不驯。我们可以确定，他们父母的行为举止也是这样的“有贵族做派”，这使他们不同于他人，使他们非常为之自豪。

但是，在这种态度之下，不过是这样的意图而已，即认为自己独一无二、与众不同，认为自己出生在一个比其他所有家庭都“更好”的家庭里，这个家庭有着“更好”“更高”的鉴赏力，这个家庭由于血统的原因，注定要在生活中维持一定的特权。这样的特权要求也给生活指出了一个方向，决定了某种行为以及行为表现形式。由于生活很少适合这种人顺利发展，由于这种想要有特权的人要么会被敌视要么会被嘲笑，所以他们中的许多人都会怯懦地后退，过着一种隐士般的或者怪僻反常的生活。只要他们待在不用对任何人负责的家里，他们就能继续自我陶醉，并相信如果事情是另一番样子，他们就能实现自己的目标，从而强化自己的态度。

有时候，在这种类型里，我们也会看到发展到了极高水平、有能力而且很重要的个体。说实话，这类人的才能确实有一定的价值，但是为了进一步麻醉自己，他们滥用了自己的才能。他们一般很难和社会积极合作，一提到这个问题，他们便会摆出一大堆理由。比如，他们也许会设定一些关于时间的不合理要求，指出他们曾做过什么，曾学过什么，或者曾知道别的什么。而且，他们还会根据自己的理论体系为自己申辩，说其他人曾做过或没做过什么。他们的条件也许根本无法满足，因为还有一些更细微的理由。比如，他们会声称，如果男人都是真正的爷们，或者如果女性不是那种样子，那么一切都会进展良好！但是这些条件根本不可能得到满足，哪怕本着最良好的愿望！因此，我们必须得出这样的结论：这些其实只是一些懒惰的借口，它们的作用就好比催眠或麻醉的药物一样，会使人不再有必要思考自己所浪费的时间。

这些人心中都带着很大的敌意，他们往往会对他人的痛苦和悲伤不甚在意。这是他们借以获得伟大感的方式。通晓人性的拉罗什富科（La Rochefoucauld）说，大部分人“都能轻易忍受别人的痛苦”。对社会的敌意往往以一种尖刻、批判的态度表现出来。社会的这些敌人永远在责怪、批评、嘲笑、评判以及谴责这个世界。他们对一切都不满，但是只认识到不好的一面并谴责它是不够的！我们必须问自己：“为了使一切变得更好，我都做过些什么？”

虚荣的人满足于通过一种伎俩凌驾于其他人之上，并满足于用尖酸的批评来诋毁别人的性格。这样的人有时候也会形成高超的技巧，这没有什么好奇怪的，因为他们在这方面进行过特别的练习和训练。在这些人中，有一些机智超群，他们口舌伶俐、敏于应对。正如运用其他一切手段一样，机智和敏捷也可以被用来伤害他人，就像专事讽刺的人可以用之嘲笑和伤害他人一样。

> 虚荣的人满足于通过一种伎俩凌驾于其他人之上，并满足于用尖酸的批评来诋毁别人的性格。

这种总是批评不断、满腹牢骚的人，他们的贬损和轻蔑是他们的性格特征的表现，这种性格特征非常常见。事实上，它表明了虚荣之人的攻击点所在，那就是他人的价值和意义。贬低倾向是通过贬低他人来创造自身优越感的一种举措。承认他人的价值就等于是侮辱虚荣者自己的人格。但是从这个事实，我们就可以得出影响深远的结论，并明白虚荣者的虚弱感和匮乏感在他的个性品格中扎根之深。

由于我们中没有人能完全免于这种污点，所以我们可以很好地利用这个讨论给我们自己设定一个标准，虽然我们不能在短期内将在我们身上滋长的东西——千百年来的传统容许它们这样做——连根拔掉。尽管如此，如果我们能拒绝被偏见——这偏见最终会被证明是有害的、危险的——所蒙蔽和迷惑，那么我们就前进了一步。与众不同并非我们所愿，寻找与众不同的人也并非我们所愿。然而我们认为，自然法则要求我们伸出双手与我们的同伴联合和合作。在一个像我们当今这样的要求广泛合作的时代中，个人的虚荣追求没有容身之地。也正是在我们这样的时代里，虚荣的生活态度带来的矛盾会显得尤其明显和突出，因为我们每天都看到虚荣如何导致失败，并最终使虚荣的人处于社会的猛烈炮火之下，或者使虚荣者置于需要社会同情的境地。虚荣从未像如今这样令人厌恶。我们起码能做的是，寻找更好的虚荣形式和表现，这样，如果一定要虚荣的话，我们至少可以使之朝着对人类的福祉有益的方向发展。

下面的案例可以很好地说明虚荣对人的驱动。一位年轻的女性，她是家里好几个姐妹中最小的那个，从小娇生惯养。她的母亲日夜为她忙碌，满足她的每一个愿望。由于这种关爱，这个体质非常虚弱的最小的孩子被宠坏了。有一天，她发现只要自己生病，母亲就会为她处理周围的问题。这个年轻的姑娘很快就明白了，疾病可以成为一种非常有用的手段。

她很快就学会了忍受健康的人对疾病的厌恶，时不时地身体不舒服一点都不会让她觉得不快。而且，她在生病方面受到了如此多的“训练”，以至于她可以很轻易地想生病就生病，尤其是当她下定决心要得到某个特别的东西的时候。不幸的是，她一直在渴望得到某个特殊的东西，由此产生的结果是，在她周围的人看来，她长期都在生病。这种疾病情结在孩子和成年人身上的表现形式有很多种。这些孩子和成年人感到自己的权力在增长，疾病能使他们在家庭中占据中心地位，他们凭借疾病对家人行使着无限的控制权。在与柔弱敏感的人打交道时，他们以这种方式实现权力的可能性非常大。当然，也正是这类人发现了这种获取权力的方式，因为他们已经体味到了亲人对他们的健康表现出来的关心。

在这样的情况下，个体有时候还会采取一些辅助计谋实现自己的目的。比如，一开始，他会吃得少，结果他的气色看起来不好，然后家里人一定会费尽心思给他做点美味佳肴，然后很快地，在这个过程中，想要某人不断地为自己忙前忙后的愿望就产生了。有些人就是不能忍受孤单。仅仅通过感觉身体不适，或者处于危险中，个人就能够得到亲爱之人的关注。通过将自己置于某种危险境地，或者让自己患上某种疾病，就可以轻易实现这一点。

我们把自身对某个事物或者某种处境认同的能力叫作移情。移情在我们的梦中就有生动的体现。在梦里，我们感到某些具体情形好像真实发生了一样。一旦有“疾病情结”的人掌握了这种获取权力的方式，就能轻而易举地产生和想象出一种身体不适的感觉，他们做得如此聪明，以至于没有人能说他们在撒谎、误述或想象。我们非常清楚地知道，对某种情景的认同可以产生相同的效果，就好像那种情形真的存在一样。我们知道，这样的个体实际上真的会呕吐，或者真的会出现一种非常焦虑的感觉，就好像他们真的感到恶心或真的处于危险中一样。但是通常情况下，他们出现这些症状的方式会使他们露出马脚。例如，我们正在讨论的这位年轻女士声称，她有时候会有一种恐惧，“就好像我随时都会中风一样”。有些人会把事情想象得如此清晰，以至于他们真的会失去心理上的平静，而且别人还没法说他们是在想象或者诈病。唯一必要的是，某个这样的装病高手曾成功地用某种病的症状（或至少是所谓的“紧张”症状）给他周围的人留下过深刻的印象。此后，每个曾对此印象深刻的人都会待在这个“病人”身旁，照料他，关心他的幸福、健康。他人的疾病挑战着每个正常人的社会感。这一事实被我们刚才所描述的那种人滥用，并成了他们的权力感的基础。

这种做法与社会以及社会生活的法则之间的敌对非常明显——社会和社会生活要求我们深切地关心我们身边的同伴。我们将会发现，通常情况下，我们刚才所描述的那种人无法理解他人的痛苦或幸福。他们很难做到不损害周围人的权益，并且对帮助他人完全不感兴趣。偶尔，经过极度的努力，凭借他们所受的教育和文化，他们也许会在生活中取得成功；更多时候，他们只是努力表现出对他人的福祉感兴趣的样子。实质上，只有自爱和虚荣才是他们一切行为的基础。

我们刚刚所描述的那位年轻女士无疑就是这样。表面上看，她对自己的亲人的关心似乎超出了正常范围。如果她母亲晚了半个小时将早餐送到她床前，她就会很担忧，很关切。在这种情况下，她会叫醒丈夫，逼他去看看她母亲到底是不是发生了什么事儿，唯有这样，她才会满意。最后，她母亲就习惯了非常准时地给她送来早餐。同样的事情也发生在她丈夫身上。作为一个商人，他必须在一定程度上考虑他的客户和生意伙伴，然而每次回家迟了几分钟时，他都会看到他的妻子几乎到了神经崩溃的边缘，焦虑得浑身发抖，大汗淋漓，痛苦地抱怨她怎样受着可怕的恐惧和不祥的预感的折磨。她可怜的丈夫只好像她母亲那样，强迫自己准时回家。

许多人都会反对，说这位女士其实并没有从她自己的行为中受益，说事实上根本没有什么了不起的胜利。我们必须记住的是，我们所描述的不过是她全部行为中的一部分而已。她的疾病是一个危险标志，上面写着："小心！"这是她生活中其他所有人际关系的注解。她用这个简单的策略将周围的每个人都置于自己的驯养之中。在满足她无止境地想要控制周围人的欲望的过程中，她的虚荣心扮演着重要角色。想象一下这样的人为了达到目的所费的周折吧！在意识到她为自己的态度和行为付出的高昂代价之后，我们一定会推出这样的结论：她的态度和行为对她来说已经完全成为一种必要手段！除非别人无条件地、准时地听从她的话，否则她就无法安静地生活。但是婚姻不止在于让自己的丈夫守时。这位女士用自己的专横缚紧了其他所有人际关系，她学会了如何用焦虑状态强化自己的命令。她似乎极度关心他人的福祉，然而每个人都必须无条件地遵从她的意愿。我们只能得出一个结论：她的关爱是她满足自己虚荣心的一个工具。

我们经常会发现，这种精神态度会达到如此程度，以至于个人愿望的实现比他想要的东西更重要。一个 6 岁小女孩的例子可以说明这一点。这个小女孩的自我中心主义达到了极点，她只关心任何时刻碰巧出现在她脑海中的每一个心血来潮的想法的实现。展示自己的权力，显示自己对他人的征服，这种愿望渗透在她的所有行为中。她的母亲非常急于与自己的女儿保持良好的关系，曾有一次尝试用孩子最喜欢的甜点给她带来惊喜，她把点心送到她面前，说："我给你带来这种甜点，因为我知道你非常喜欢它。"这个小女孩把盘子摔在地上，踩踏着那块糕点，哭喊道："但是我不喜欢你自作主张地给我，只有在我想要的时候我才想要。"还有一次，这位母亲问她午饭要不要喝咖啡或牛奶。这个小女孩站在门口，非常清楚地嘟囔道："如果她说咖啡，我就要牛奶；如果她说牛奶，我就要咖啡！"

这个孩子将自己的思想表露得非常直白，但是还有许多这样的孩子并不会如此清楚地把自己的思想表达出来。也许每个孩子一定程度上都带有这种性格特征，要努力去实现自己的意志，虽然并没有什么可获得的；他们甚至会由于我行我素而遭受痛苦和麻烦。大多数情况下，这都是些被容许得到了自行其是的特权的孩子。现今，得到这种特权的机会并不难找。结果是，在成年人当中，我们会发现急于自行其是的人比想要帮助他人的人要多得多。有些人甚至虚荣到了如此地步，他们不会做他人向他们提议的任何事情，即便这事情是这世界上最不言而喻的事，即便这事情意味着他们自身的幸福。这是些不会等到别人说完就会提出异议和反对的人。还有些人会被虚荣心刺激到如此程度，以至于想说"是"的时候，实际上却说"不"。

任何时候都自行其是，这只在家庭的小圈子中才有可能，而且也并不总能如愿。有些人在与陌生人打交道时和蔼可亲、彬彬有礼。然而，这种联系并不能持久，很快会破裂，即便有人谋求这种联系的长久，但是很少会实现。由于生活就是这个样子，人们经常会相聚，所以不难发现这样的人：他们赢得所有人的心，但是在赢得了之后，又将其弃之不顾。许多人始终将自己的活动局限在家庭生活圈子之内。我们有个病人就是这种情况。由于性格乖巧，在家庭之外，大家都觉得她讨人喜欢、令人愉快，她广受大家喜爱，但是无论何时离开家，她都会很快回去。她用各种手段表明自己想要回家的愿望。如果去参加派对，她会头疼（因为在任何社交聚会上，她都不能继续维持在家里那种绝对的权力感），然后就必须回家。由于除了在家庭生活中，这位女士无法解决自己生活中的主要问题，即她的虚荣心的满足问题，所以每当必要的时候，她就只好安排些事情迫使自己回家。情况到了如此地步：每当她置身于陌生人中时，她就会特别焦虑、激动。很快她连剧院也不敢去了，最后，她甚至不能上街了，因为在这些场合，她得不到那种全世界都臣服于她的意志的感觉。她要的那种情形在家庭之外找不到，在大街上尤其找不到，因此，她声称她不愿出现在家庭以外的地方，身边有“向她献殷勤的人”陪伴时例外。这是她喜欢的一种理想状态：周围常常簇拥着一心为她的幸福着想的人。观察表明，她从童年早期开始就有了这种模式。

她声称她不愿出现在家庭以外的地方，身边有“向她献殷勤的人”陪伴时例外。

她是家里最小的孩子，并且体弱多病，所以必须比他人更受娇养、得到更多的照料。她抓住童年时期的娇纵状态不放，而且，如果不是因为妨碍了不容改变的生活环境（这环境一直强烈地反对这种行为）的话，她会一直不惜一切代价维持这种状态。她的不安和焦虑状态如此明显，已经到了不容否认的地步，这种状态暴露了这样一个事实：在解决个人虚荣心的问题上，她已经走上“旁道”了。这种解决方法不行，因为她没有使自己服从社会生活环境的意愿，最终，她在解决这个问题方面的无能为力让她如此痛苦，不得不向医生求助。

从现实上讲，我们有必要揭开她这么多年来在生活中非常小心地构建起的这个观念体系。我们必须克服很大的阻力，因为她从本质上来说并没有做好改变的准备，虽然表面上看起来她在向医生请求帮助。她真正想要的是继续像以前那样统治她的家庭，同时不用承受焦虑状态带来的煎熬，这种状态一直纠缠着她。但是我们不可能得此而弃彼！我们要让她看到，她是自己的无意识行为的囚徒，她想享受这种无意识行为带来的好处，却又想避免它带来的坏处。

这个例子清楚地表明，任何一种虚荣，只要发展到相当程度，就会变成一个持续终身的负担，它会阻碍人充分发展，而且最终会使人崩溃。只要病人仍然全神贯注地只盯着它带来的好处，他就无法明白这些。也正是因为他们只盯着它带来的好处，所以许多人才会深信，他们的野心（其实更确切来说，应该叫作虚荣）是一种宝贵的性格特征，因为他们并不明白，这种性格特征会使他始终处于不满足的状态，并使他无法安宁、无法安睡。

> **任何一种虚荣，只要发展到相当程度，就会变成一个持续终身的负担，它会阻碍人充分发展，而且最终会使人崩溃。**

为了证明我们的观点，我们再来看看另外一个例子。一个 25 岁的年轻人必须去参加期末考试。然而，他并没有出现在考场上，因为他突然对这门学科完全失去了兴趣。在极度不快情绪的烦扰下，他贬低自己的价值，而且脑子中充斥着这种想法，结果他最终没能去参加考试。他童年时期的记忆中充斥着对父母的责怪：他们对他的发展缺乏理解，这种不理解明显阻碍了他。在这种情绪的作用下，他还觉得所有的人都毫无价值，所有的人都对他没有兴趣。就这样，他“成功”地使自己变得离群索居。

虚荣心被证明是这一切背后的驱动力，它不断地给他提供借口和托词，使他逃避对他的能力进行的任何测试。现在，就在期末考试之前，这些强迫性的想法打败了他，欲望的匮乏和阶段性的恐惧折磨着他，这一切使他无法去参加考试。所有这些对他极为重要，因为就算他现在没有取得任何突出的成绩，但是他的“个人感”，即他的自我价值感，还可以得到保全。他一直都随身带着自己的“救生工具”！有了它，他就是安全的，他用这种想法安慰自己：疾病和不公平的命运是他没有取得成就的推手。我们在这种态度里看到的是另一种形式的虚荣，这种虚荣阻止他去参加考试，使他在决定他能力的决定性时刻到来时选择了绕道。他想象着如果失败的话将会失去的荣光，他开始怀疑自己的能力；他已经知晓了那些永远都不能相信自己、不能自主做决定的人的秘密！

我们的病人属于这种人。他有关自己的叙述表明，他实际上始终都是这类人中的一员。每一次，必须要做决定的时刻来临的时候，他都会犹豫不决、畏缩不前。如果我们只对研究动作和行为模式感兴趣，我们会从这种姿态中看出他想要停下来，想要刹住前进的步伐。

他是家里最大的孩子，也是唯一的男孩，他还有四个妹妹；此外，他还是家里唯一将会上大学的人。可以说，他是家里的关注焦点，承载着巨大的期望。他的父亲总是抓住每一个机会激发他的野心，总是不厌其烦地跟他说他将要取得什么样的丰功伟绩。这个男孩一心要胜过世界上的其他所有人，这个目标一直摆在他的眼前。现在，在不确定性和焦虑的掌控下，他怀疑自己能否完成期待中他要完成的事。虚荣跑过来拯救他，为他指出了撤退的路。

这向我们表明，在野心勃勃的虚荣心的发展过程中，使进步成为不可能之事的骰子被掷了出去。虚荣心和社会感扭打在一起，摆脱它们之间的缠斗，逃掉是不可能的。尽管如此，我们还是会看到，虚荣本性从人的童年早期就开始不断地冲破社会感，试图走上它自己的孤立隔绝的路。它使我们想起了这样的人：他们根据自己的幻想想象出了一座陌生城市的蓝图，然后在那座城市里面溜达，带着他们想象中的那个蓝图，寻找想象中的建筑，他们在这些建筑里给自己安排了绝佳的住处。当然，他们永远也不会找到他们要找的东西！于是，可怜的现实就成了被怪罪的对象。这就是以自我为中心的、虚荣的人的大致命运。他试图通过权力或者通过手段和诡计，在他与其他所有人的关系中践行自己的准则。他留意着机会，想要表明别人是错的或正在犯错误。如果能成功地证明——至少是向他自己证明——他比别人聪明或者比其他人好，那么他会非常开心。但是其他人对他并不在意，他们接受了他的挑战，反败为胜。然而，当战斗结束的时候，我们这位虚荣的朋友却深信自己的正确性和自己的优越地位。

这都是些拙劣的把戏，通过这些把戏，任何人都能想象出他想要相信什么。于是，在我们这个病例中，一个本应学习、本应接受书本中的智慧，或者本应去参加考试、在这场考试中展露自己真实价值的人，却在他用以看待一切事物的错误视角下意识到了自己的不足。结果，他高估了情势，认为自己人生中的全部幸福、所有成功都处于危险中。于是他不可避免地进入了没有人能忍受的紧张状态中。

对他来说，其他的所有接触都无比重要，他从自己的胜利或失败立场评估每一次讲话、每一个词语。这成了一场持续的战斗，这场战斗最终驱使一个将虚荣、野心、虚假的希望变成了自己的生活行为模式的人进入了新的困境中，并夺走了他人生中所有真正的幸福。只有承认现实的人才能获得幸福。但是当这些真正不可避免的现实被推到一边的时候，他就堵住了自己通往幸福和快乐的所有路径，而且也不可能给他人带来满足与幸福。他能做的，最多就是梦想着自己对他人的优势地位和支配权，尽管他发现这根本就不可能实现。

如果曾拥有过这样的优势地位，他将不难发现，有许多人以跟他竞争为乐。对此，他并没有解决方法。你没法强迫任何人承认他人的优越。那么，残留下来的将是这个可怜人自己对自己做出的神秘的、不确定的评判。这场游戏中没有赢家！各个选手都永远暴露在攻击和毁灭之下。他们背负着任何时候都要表现得很了不起、很优越这种痛苦的责任！

然而，如果这种声誉是由于他对他人的帮助、贡献而得来的，那又完全是另一回事了。在这种情况下，他的荣誉是不请自来的，就算有其他人反对这种荣誉，这种反对也没有什么分量。他可以继续泰然地享有自己的这种荣誉，因为他并没有在虚荣心上押下任何赌注。决定性的一点在于那种以自我为中心的态度，以及不断地对个人地位提升的追求。虚荣的人总在期待或搜索什么。将虚荣的人和其他社会感发展良好的、终其一生都在追问“我能给予什么”的人做个对比，你会立刻发现两者在性格和价值方面的天差地别。

于是我们得出了一个人们已经明白了数千年的观点：“施比受有福。”如果我们仔细思考这句话的意义，思考它对伟大的人性经验的表述，我们会认识到，这里想要强调的是给予的态度和心境。给予或服务的心境、帮助的心境中自带着一种程度的补偿和精神的和谐。

另外，索取的人常常都不满足，他们只想着要幸福快乐，他们还必须得到以及必须拥有什么。索取者永远不会看到他人的需求，对他们来说，他人的不幸就是他们的快乐，与生活协调统一、和谐共处的理念在他们的世界中没有存在的空间。他要求别人不折不扣地服从他的自我主义所规定的规则。他要求得到一个与现存的天堂不同的天堂，要求一种不同的思维和感受方式。简而言之，他的不满足和厚颜无耻跟他身上特有的其他一切一样令人憎恶。

> **对有些人来说，厚颜无耻的行为会让他们产生一种伟大感和优越感。还有些人则会在自己表现得冷酷、蛮横、固执或者孤僻时产生这种感觉。事实上，这些人与其说是无礼，不如说是脆弱。**

在那些穿着引人注目或者觉得自己很重要的人身上，在那些打扮得像小丑一样给人以勇敢印象——跟那些颇为自豪、颇觉荣耀、在自己的头发中插上特别长的羽毛想要与众不同的原始人一样——的人身上，还有其他的更原始的虚荣形式。有许多人在根据最新的时尚将自己打扮得花枝招展中获得极大的满足。这些人佩戴的各种各样的装饰物就像旗帜、交战时的徽章或武器一样标示着他们的虚荣，佩戴这些装饰物的目的，如果正确理解的话，就是为了把敌人吓跑。有时候这种虚荣在我们看来很无聊。在这种实例中，我们会感觉这个人努力想要给别人留下印象，虽然他只能以厚颜无耻为代价做到这一点。对有些人来说，厚颜无耻的行为会让他们产生一种伟大感和优越感。还有些人则会在自己表现得冷酷、蛮横、固执或者孤僻时产生这种感觉。事实上，这些人与其说是无礼，不如说是脆弱。他们曾经的粗鲁不过是一种伪装。我们尤其会觉得男孩子身上好像缺乏感情，这实际上是对社会感的一种敌对态度。受这种虚荣驱使、希望让别人受苦的人，任何细腻的情感诉求对他们而言都是一种侮辱。这样的诉求只会使他们态度更加强硬。我们曾见过一些实例，在这些实例中，父母靠近孩子，请他理解他们的痛苦，然而，这个孩子却实际上因为他们表露出来的痛苦产生了一种自身的优越感。

我们已经注意到，虚荣喜欢把自己伪装起来。想统治别人的虚荣的人一定会首先蒙骗他人，从而让他们听命于自己。因此，我们一定不要使自己被某个人所表现出来的和蔼可亲或友好以及乐于跟我们接触的心愿所欺骗，也一定不要在他的伪装下相信他也许并不是一个正在寻找征服对象、想要维持自己个人优越感的好战的攻击者。这场战斗的第一个阶段一定是让自己的对手放心，并用甜言蜜语哄骗他，让他放下警惕。在第一个阶段，在友好的接触中，人很容易会被诱骗着相信那个攻击者是一个富有社会感的人；在第二个阶段，攻击者会揭开自己的面纱，让我们明白自己错了。这是一些令我们失望的人。我们以为他们之所以判若两人，是因为他们有双重性格。他们友善地接近我们，最终却给我们带来痛苦。

这种接触技巧发展到极致的时候，就成了一种欺骗游戏。极度奉献的特征非常明显，里面自带着某种胜利。这些人提起仁爱的时候能言善道，一举一动都仿佛在向他人展示自己的爱心。然而，这往往以一种太过明显的方式表露出来。一位意大利犯罪心理学家曾经说过："当一个人的态度理想到超过某种限度的时候，当一个人的博爱和仁慈显得惹眼的时候，我们就有充分的理由感到可疑了。"当然，我们一定要对这个观点有所保留，但是我们也非常确定，这个观点很有道理。大体上来说，我们能轻易识别出这类人。谄媚对任何人来说都令人不快。它很快会让人觉得不舒服，而且，对于使用这种奉承方式的人，人们往往非常警惕。相反，我们往往反对向野心勃勃的人使用这种方法。最好选择一种不同的方法和更温和的技巧！

在本书的第一部分，我们已经了解了那些经常会使正常的心理发展出现偏差的情形。从教育观点来看，困难在于，我们面对的是这样的案例，打交道的是那些对自己所处的环境持敌对态度的孩子。虽然老师知道自己的职责，这份职责牢牢地根植在生活的逻辑中，然而他无法强制孩子接受这种逻辑。要让他们接受它，唯一可能的方法似乎在于，尽可能地避开挑衅局面，不要将孩子当成教育的客体来对待，而要将他们当成教育的主体，就好像他是一个与老师完全平等的成年人一样。这样，孩子就不会易于错误地认为自己处在压力之下或被人忽略，并因此认为自己有必要接受老师的挑战了。在这个主阵地上，我们文化——它在很大程度上塑造着我们的思想、行为以及我们的性格特征——中的一些不当的欲望和野心自动地发展起来，它首先使越来越复杂的人际关系打败了个体的人格，然后个体彻底瓦解和崩溃。

童话故事（我们所有人了解人性的原始资料来源）给我们提供了许多典型例子，这些例子向我们展示了虚荣的危险。在这里，我们一定要回顾一下一个童话故事，它以特别激烈的方式向我们展示了不受约束的虚荣会怎样无意识地毁灭个人。它是安徒生的《醋坛》(*The Vinegar Jar*)。故事说，一个渔夫同意给他抓到的一条鱼自由，而这条鱼出于感恩，答应实现他的一个愿望。他的愿望于是实现了。然而，渔夫的妻子永不满足，野心勃勃。她要求渔夫改变他先前那个卑微的请求，让她做一个女公爵，鱼满足了她；然后是女王，鱼也满足了她；最后，她想成为上帝！她一次又一次地派她的丈夫回去找那条鱼，直到她的最后一个请求激怒了那条鱼，后者弃渔夫而去。

虚荣和野心的发展是无止境的。在童话故事里，在虚荣者狂热的精神追求中，我们饶有兴味地看到，对权力的追求以想要成为上帝般的人物的形式表现出来。我们不难发现，虚荣的人表现得好像自己就是上帝一样（这出现在最极端的情况下），或者他表现得好像自己是上帝的副手一样，或者提出一些只有所谓的上帝才能满足的愿望和心愿。这种表现，这种对上帝般的形象的追求，是他所有活动中都存在的一种倾向的极端表现；它实际上是一种愿望，一种想超越自己的个性表现自己的愿望。

与这种渴望上帝般的形象密切相关的是神话般的乌托邦中的理想，在乌托邦中，每个梦想都会实现。孩子很少相信这种神话图景的真实性。然而，如果我们认识到孩子对魔法的异乎寻常的兴趣，我们就不会怀疑他们是多么容易被这些吸引、多么容易沉迷在这样的幻想中了。一些人心中有强烈的这样的想法——用法术、魔法对他人施加影响，而且，直到老态龙钟，这种想法也许才会消失。

关于这一点，也许没有哪个男性能完全没有这样的想法：从迷信感觉角度来说，女性对男性有着魔法般的影响。我们可以看到，有许多男性都表现得好像他们觉得自己处在自己的性伴侣的魔法般的影响下一样。这种迷信将我们带回到了一个比当今这个时代更坚定地持有这种信念的时代。在那些年代里，女人会因为随便一个托词，面临被人说成是巫婆或者术士的危险。这是一种在很多年里像噩梦一样笼罩整个欧洲、部分地决定了它的历史走向的偏见。如果想起有 100 万名女性都是这种谬见的牺牲品，我们就不会再说这只是些无害的错误了。

> 在我们的文明中，有一样东西似乎具有魔法般的力量，那就是金钱。许多人相信，有了金钱，就可以做任何想做的事情。这又是虚荣的一种形式，它通过积累财富，试图产生某种类似于魔法力量的东西。

在我们的文明中，有一样东西似乎具有魔法般的力量，那就是金钱。许多人相信，有了金钱，就可以做任何想做的事情。因此，毫不奇怪，他们的野心和虚荣都全神贯注在金钱与财富问题上。现在，我们能够理解他们对世俗财富的永无休止的追求了。在我们看来，这几乎有点病态。这又是虚荣的一种形式，它通过积累财富，试图产生某种类似于魔法力量的东西。一个极其富有的人，虽然他拥有的财富应该说是足够的，但还是不断地追求金钱，在开始患上妄想式精神病之后，他承认道："是的，你知道那（金钱）就是不断地一次又一次地引诱我的力量！"这个人明白这一点，但是还有许多人不敢明白这一点。如今，权力和金钱与财富的联系如此紧密，而且，在我们的文明中，争取金钱和财富显得如此自然，以至于没有人注意到这个事实：许多除了追求金钱之外别无所求的人都是受了虚荣心的驱策。

最后，我们将再讨论一个例子，这个例子将会说明我们之前所讨论过的每一个方面，与此同时，它还会使我们了解另一种虚荣心在其中扮演了重要角色的现象，那就是违法犯罪的情况。这个例子涉及一对姐弟。弟弟被认为天赋不佳，而姐姐则以才智出众闻名。后来弟弟在这种与姐姐的对比竞争中坚持不下去了，他放弃了两人之间的竞赛。他被推到了默默无闻的幕后，虽然每个人都试图扫清他道路上的一切障碍。同时他还背负着沉重的负担，这负担差不多就是一种默认，认为他天赋不够。从他童年早期开始，人们就告诉他，他姐姐总是能轻易克服生活中的任何障碍，而他则只适合做一些无足轻重的小事。就这样，由于姐姐所处的优势，人们都认为他能力不够，虽然事实并非如此。

他背着这种负担进了学校。他的人生道路是有悲观主义倾向的孩子所走的路——不惜一切代价努力避免发现、避免承认自己的无能。年龄稍大一些之后，他还产生了不想被迫去扮演蠢男孩的角色的愿望，他想要被人以成年人相对待。14 岁的时候，他就开始常常参加成年人的社交活动，但是他那深深的自卑感令他感到如芒在背，迫使他去思考如何才能表现得像一个已经长大成人的绅士。

于是有一天，他开始出现在风月场所，此后他就一直在那里流连至今。由于他离不开金钱，而与此同时由于他想要扮演成年人的愿望，他又无法伸手向父亲要钱，于是他开始在需要的时候偷他父亲的钱。这些偷窃行为没有给他带来一丝的痛苦，他把自己看作某种程度上的成年人，是他父亲的出纳员。这种情况一直持续，直到有一天他在学校一次重要的考试中失败了。被留级将是他无能的一个明证，他不敢公开自己的无能。

于是，现在就发生了以下事情：他突然感受到了懊悔和良心上的痛苦，这令人遗憾地扰乱了他的学习。他的境况因为这种状态而有了改善，因为现在，假如他失败的话，他就有借口向世人解释了。他是如此饱受懊悔折磨，每个处于类似境地的人都会在学业中失败。同时，高度的注意力分散也妨碍了他的学习，因为它迫使他去想别的事情。就这样，白天一晃而过，夜晚来临时，他上床睡觉，脑子里还带着这种意识：他在尽最大努力学习，虽然事实上他没在学习上花任何精力。后续发生的事情也帮助他继续扮演他的角色。

他被迫早起了一个小时。结果他一整天都昏昏欲睡、疲倦不堪，根本无法将注意力集中到学习上。人们当然不能要求他跟他姐姐竞争！现在应负责任的不是他天分不足，而是那些要命的伴随现象，他的懊悔、他良心上的痛苦，这些让他不得安宁。如果他失败了，那也是情有可原，没有人能说那是因为他天分不够。假如他成功了，那是他能力的明证——没有人肯承认的能力。

当我们看到诸如此类的把戏的时候，我们可以肯定，虚荣是这一切的根源。从这个例子中我们可以看到，为了避免被人发现一种被断言但其实并不存在的能力不足，一个人甚至可以置自己于违法犯罪的危险之中。虚荣和野心在个人的人生中制造出了如此复杂的局面，并使人误入歧途。它们使人失去了诚实和正直，夺走了人生中的一切真正的乐趣、快乐和幸福。更深入地进行研究，我们发现，这一切仅仅源于一个愚蠢的错误——虚荣和野心！

妒恨

妒恨是一种很耐人寻味的性格特征，因为它出现的频率很高。我们所说的妒恨不仅仅指恋爱关系中的妒恨，而且指其他所有人际关系中可以看到的那种妒恨。因此，在童年时期，我们发现有妒恨心理的孩子试图优于他人；这些孩子还可能会发展起野心，然后这两种性格特征会显出他们对世界的敌对态度。妒恨是野心的“姐妹”，是一种可能会持续终生的性格特征，它源于被忽略感和被歧视感。

妒恨广泛地存在于几乎每一个孩子身上：随着弟弟或妹妹出生，他们要求从父母那里得到更多关注，大点的孩子会感到自己像是一个被罢黜的国王。那些在弟弟妹妹出生之前沐浴在父母爱的阳光中的孩子会变得尤为妒恨。

当有多个兄弟姐妹时，会更容易出现妒恨表现。有些女孩的命运不太妙，当她看到自己的兄弟自降生起就得到了更热情的欢迎，得到了更多的照料，更被重视，并拥有各种女孩子得不到的好处时，她很容易感到灰心丧气。

这样的关系自然会导致敌对。也许一个大点的姐姐会对弟弟表现出自己的爱，会像一个妈妈那样对待自己的弟弟，但是从心理学上来讲，这也是妒恨的表现。如果一个姐姐以母亲的态度对待自己的弟弟妹妹，那么她就重新获得了可以让她为所欲为的权力地位。这种手段能使她从危险的局面中创造出有利的条件来。

兄弟姐妹之间过于激烈的竞争是家庭中出现妒恨的最常见的原因之一。女孩感到受了忽视，她会不懈地努力，战胜自己的兄弟。常常，由于她的勤奋和努力，她成功地超越了自己的兄弟。在这方面，自然也助了她一臂之力。在青春期，女孩发展得比男孩更快一些，无论在精神上还是身体上，虽然这种差异在随后的几年中会慢慢扯平。

妒恨有很多种形式。在不信任和暗算别人的准备中，在对他人的批评性评判中，在经常害怕被忽视的恐惧中，我们都会看到妒恨的身影。在各种妒恨中，究竟哪种形式会突出表现出来，这完全取决于先前为社会生活所做的准备。妒恨的一种表现形式是自我毁灭，另一种形式则可能是强势的固执。扫他人的兴致，毫无目的地反对，对别人自由的限制，以及随之而来的对对方的征服，都是这种性格特征变换出来的一些形式。

给其他人制定一套行为准则，是妒恨最喜欢用的一种手段。它是妒恨者行动时沿袭的特有的心理模式：当他试图将某些爱情规则强加到自己的伴侣身上，当他在所爱之人周围筑起一道墙或者规定对方该看哪里、该做什么、该想些什么时，妒恨正充斥在他的内心。妒恨还可以被用来贬低他人和非难他人，而贬低和非难也不过是实现目的的手段：剥夺对方的自由意志，使对方墨守成规，或者束缚对方。在陀思妥耶夫斯基的小说《涅朵奇卡·涅茨瓦诺娃》（*Netotschka NjeswaNowa*）里，我们可以看到对这些行为的大量描述。在这本小说中，一个男人成功地压制了他妻子一辈子，用的就是我们讨论过的手段。因此，我们看到，妒恨是一种特别明显的权力追求方式。

嫉妒

哪里有对权力和支配权的追求，哪里就一定有嫉妒这种性格特征。个体和他的高得不可思议的目标之间的鸿沟以自卑情结的方式表现了出来。它压迫着他，对他的整体行为和人生态度有如此大的影响，以至于个体觉得他离自己的目标很远。他对自己的低评价、对生活的持续不满都是这种情结的忠实显示器。他开始花时间衡量他人的成功，开始介意别人对自己的看法，或者关注别人取得了什么样的成就。他始终有种被忽视的感觉，他觉得别人都在歧视他。这样的人也许实际拥有的比别人还多。这种被忽视感的各种表现形式标志着一种未得到满足的虚荣心，一种想比自己邻居拥有更多的愿望，一种想要得到一切的愿望。这种嫉妒的人不会说他们想要拥有一切，因为社会感的切实存在阻止他们产生这些想法，但是他们的表现显得好像他们想要一切似的。

在不断衡量他人成功程度的过程中产生出来的嫉妒感并不会增大自己获取幸福的可能。社会感的普遍存在使人们普遍不喜欢嫉妒，然而很少有人能完全摆脱嫉妒心理。没有哪个人能完全没有嫉妒心。生活一帆风顺的时候，这种嫉妒也许常常表现得不是很明显，然而当遭受苦难，感觉自己受到了压迫，或者缺少钱、衣服和温暖时，当对未来的期冀暗淡时，当看不到摆脱自己的不幸处境的出路时，嫉妒就出现了。

我们人类如今尚处在文明的开端时期。虽然我们的伦理道德禁止我们出现嫉妒心，但是我们心理上还不够成熟，还不能完全摆脱嫉妒心理。人们完全可以理解贫穷者的嫉妒。只有我们能证明，如果我们自己置身于同样的处境之下，不会产生嫉妒心理，我们才可以说这样的嫉妒令人不解。关于这一点，我们唯一想说的是，我们必须在当代处境中、在人的心灵中考虑这种因素。事实是，只要他们的活动受限太多，那么个人或者群体就立刻会出现嫉妒心理。但是，当嫉妒心理以这种令人厌恶的形式出现，惹人厌到我们自己甚至都不赞同的地步时，我们并不知道该如何消除这种嫉妒心以及常常与之联系在一起的仇恨。生活在我们这个社会中的每个人都很清楚的一点是，我们不应该对这种倾向进行考验，也不应该激发它们。另外，我们还应该足够机智，不要去恶化任何可预料的嫉妒表现。确实，这种做法不会使情况有任何好转。但是我们至少可以要求个体做到这一点：他不应该对他人表现出任何优越感。毫无用处的权力展示也许会轻易地伤害某个人。

个人和社会之间不可分割的联系是这种性格特征的起源。没有人能凌驾于社会之上，没有人能显示自己对他人的权力，而同时又不会引起其他想阻止他成功的人的反对。嫉妒强迫我们制定各种法令和规则，这些法令和规则的目的就是确立人与人之间的平等。最终我们理智地得出了这样一个我们本能地感受到了的论点：人人平等。一旦破坏这个准则，就立刻会产生敌对和混乱。这是人类社会的基本准则之一。

实际上，有时候我们可以轻易从个体的表情中辨认出嫉妒的表现。人们长期以来在语言描绘中提到的嫉妒特征往往伴随着生理现象。人们说嫉妒得“眼都绿了”或“脸都白了”，其实就指出了嫉妒对血液循环的影响。嫉妒的器官表现是毛细血管的收缩。

从教育的角度来说，对于嫉妒，我们只有一条路可走。由于我们无法完全消除它，所以我们必须使之对我们有益。我们可以给它提供一个渠道，通过这个渠道使之对我们有利，同时又不会对精神生活带来太大震荡。这对个人和群体都适用。就个人来说，我们可以建议他从事某种可以提升他的自尊的职业；在国家层面，对那些感觉自己受到了忽视并且嫉妒其他繁荣国家的落后国家，除了向它们指出发展内在的不发达的力量的途径之外，别无他法。

终生都在心怀嫉妒的个体对社会生活毫无益处。他一心只想从别人那里拿走什么东西，只想以某种方式剥削他人、打扰他人。同时，他还有随时为没有实现的目标找借口的倾向，有将自己的失败归到他人头上的倾向。他会是一个好斗者、一个对他人横加干涉的人、一个对良好的人际关系不怎么感兴趣的人，他不会做任何对别人有益的事情。由于他很少设身处地地考虑他人的处境，所以他对人性所知甚少。如果他的举动给他人带来了痛苦，他不会为之动容。嫉妒甚至会发展到令人因为他人的痛苦而感到快乐的地步。

贪婪

我们经常发现，贪婪与嫉妒密切相关，相随相伴。我们这里所说的贪婪不仅指在积聚钱财中所表现出来的那种贪心，而且指更笼统的贪心形式，主要表现在不能给他人带来快乐、在对社会以及其他个体的态度中。贪婪的人在自己的周围筑起一道墙，以保护他所拥有的令他寝食难安的宝贝。一方面，我们发现它与野心和虚荣存在关系；另一方面，我们还发现它与嫉妒之间也有联系。可以毫不夸张地说，所有这些性格特征通常都同时存在，因此，不需要什么令人惊奇的读心术，只要我们发现某人身上有其中一种这样的性格特征，我们就可以宣布说其他特征也同样存在。

在当今文明中，几乎每个人都至少会露出贪心的迹象。普通人最多能做的就是用一种夸张的慷慨将它掩盖或掩藏起来，这种慷慨就是施舍，是通过慷慨举动，以牺牲他人为代价提高自己的人格感的一种企图。

在这样的情况下，当被引导指向某种生活方式的时候，贪婪实际上是一种宝贵的品质。个人可能会对自己的时间或劳动表现出贪婪，并在这个过程中确实做了许多工作。在我们当今的时代中，科学和道德上都特别强调这种“时间贪婪”的倾向，甚至要求每个人都节约自己的时间和劳动。这从理论上讲不错，但是当这种论点应用到实际的时候，我们常常会发现，它服务的是一些个人优势地位和个人权力目标。这种从理论中得出的论点常常被人误用，对时间和劳动的贪婪往往会将真正的工作负担转移到别人肩上。就像评价其他活动一样，我们评判这样的活动的唯一依据就是它的普遍有用性。技术时代的发展特点是将人当成机器看待，对生活进行规定的法则跟对技术活动进行规定的法则一样多。在后一种情形中，这样的规定常常是合理的，但是在人类的情形中，这样做往往会导致疏离、孤单以及对人际关系的破坏。因此，我们最好调整自己的生活，这样我们宁愿给予，而不是积聚。这是一条不能脱离其环境的法则，有了这条法则，我们不准去伤害他人。实际上，有了这条法则，如果我们将人类的共同福祉放在心头，我们就不可能做伤害他人之事。

仇恨

通常，我们会发现，仇恨是好战的人的一种性格特征。仇恨倾向（常常出现于童年早期）也许会达到非常强烈的程度，比如勃然大怒，而与此同时，也会以比如挑剔、批评和恶意等这样的温和形式出现。个人的仇恨和挑剔程度是反映他个性的一个很好的指标。在了解到这一事实之后，我们会对他的精神了解很多，因为仇恨和恶意会给人的个性产生一种独特的影响。

仇恨会以各种形式表现出来。它也许会指向个人必须完成的各种任务，指向某个个体、某个国家、某个阶级、某个种族或者某个性别。仇恨不会公然表现出来，而是会像虚荣一样，知道如何伪装自己，比如以普遍的批判性态度表现出来。仇恨也许会扩大到打破个体与他人接触的一切可能。有时候，个体的仇恨程度也许会达到突然外露出来的地步，就像一道闪电一样。

在犯罪行为中，我们也可以看到很多这样的情形。比较温和的仇恨形式在我们的社会生活中扮演着重要的角色，它以丝毫不带侮辱或恐惧的形式出现。愤世嫉俗这样一种对人类表现出强烈敌意的仇恨形式，就是蒙着“面纱”的一种仇恨形式。有些哲学流派中就充斥着敌意和愤世嫉俗，以至于我们可以认为它们就是更为粗鄙的、不加掩饰的残忍和残酷行为。在名人的传记中，伪装的“面纱”有时候会被揭开。重要的不是去考究这些字句中必然存在的真相，而是要记住：

仇恨和残忍有时候会在艺术家身上出现，而身为艺术家，如果想创作出真正的艺术的话，原本应该紧紧站在人性这边。

仇恨的诸多表现形式到处可见。在这里我们不一一进行考察了，因为如果将每一种性格特征与某种大致的愤世嫉俗都一一说明，读者将会不胜其烦。比如，如果不带有某种愤世嫉俗的心态，有些人就不会选择某些工作和职业。格里尔帕策（Grillparzer）曾经说："一个人的残忍本能会在其诗歌中得到令人满意的宣泄。"这绝不是说，这些职业中一定带有仇恨。恰恰相反，在充满敌意的个人决定从事某个职业的那一刻，他们所有的敌意倾向都指向了（至少从表面上看来）与社会相适应的方向。之所以会这样，是因为他必须做出调整以适应自己的组织，必须与那些也从事这个职业的人建立联系。

敌意伪装得特别好的一种形式是那些所谓的"过失犯罪"行为。对人或钱财进行的"过失犯罪"的典型特征是，出现过失的个体看不见社会感所要求的所有考量。这个问题已经在法律层面引起了无休止的讨论，但是从来没有得到完全令人满意的解决。不言而喻，能被人冠之以"过失犯罪"的行为与犯罪并不等同。如果我们将一个花盆放在太靠近窗户边缘的地方，那么轻微的震动都可能会使它掉到从下面经过的某个人的头上，这跟我们拿着这个花盆直接扔到某人头上不同。但是某些个体的"过失犯罪"行为明显与犯罪有关，是我们了解人类的另一个关键所在。在法律上，"过失犯罪"指的是非有意为之的行为，这个事实被认为是情有可原的，然而毫无疑问，无意识的敌意行为跟有意识的恶意行为一样，都是建立在同等程度的恶意之上。在观察孩子玩耍的时候，我们总会注意到，有些孩子对其他孩子的安危不甚在意。我们可以肯定，他们对他人并不友好。我们应该等到有进一步的证据能证明这一点时再说，但是如果我们发现每当这些孩子在一起玩耍的时候，就总会发生一些不幸，那么我们就必须承认，这个孩子没有将他人的安危放在心上的习惯。

在这一点上，我们需要特别注意一下我们的商业活动。商业并不特别适合向我们证明过失和敌意之间的相似性。商业人士对竞争对手的利益几乎毫不在意，对我们认为必需的社会感也没有太大兴趣。许多商业做法和商业计划都很明显建立在这样的理论之上：一个商人的优势只可能来自另一个商人的劣势。一般来说，这样的做法不会受到任何惩罚，尽管这里面包含着一种有意识的恶意。这些日常商业做法里面缺乏社会感，正如“过失犯罪”里面也缺乏这种社会感一样，它们会毒害我们的整个社会生活。

甚至那些有着最良好意愿的人，在商业压力之下，也必须尽可能地保护自己。我们忽略了这个事实：这种个人保护通常伴随着对他人的损害。我们之所以呼吁人们注意这些，是因为它们解释了在商业竞争压力之下将社会感付诸实践的不易。我们必须找到一些解决方法，这样才能使每个个体为了共同的福祉而进行的合作变得更容易而不是更难，一如当前常有的情况一样。事实上，人类的心灵已经在自动运作，努力想建立更好的秩序，以尽可能保护自身。心理学必须与之配合，着手开始理解这些变化，不仅是为了了解商业关系，而且还为了能够理解那些同时在起作用的精神器官。只有这样，我们才能知道个体和社会的期待是什么。

过失在家庭、学校以及生活中都广泛存在。我们可以在大多数机构中发现它的身影。有时候，从不会为他人考虑、只想自己出风头的人很常见。当然，他也会受到惩罚，不顾他人的人的行为通常会给他自己带来不快。“天网恢恢，疏而不漏。”有时候这种惩罚要在许多年之后才会出现，以至于从来没有努力对自己的行为加以控制、不理解因果关系的人会不明白两者之间的联系，于是就有了对不该受的不幸的抱怨！他们的悲惨命运也许应该归因于这个事实：其他人不愿再忍受这些人的肆无忌惮，在一段时间之后不再百般殷勤、好心照顾，并且抛弃了这些人。

尽管过失行为有明显的理由可以为自己辩护，但是进一步观察之后，我们会发现，它们本质上就是愤世嫉俗的表现。比如，一个司机超速驾驶，并且撞到了别人，他会为自己开脱说自己在赶赴一个重要的约定。我们在他身上看到的是一个将无关紧要的个人事务放在他人利益之上的人，所以他就忽略了自己给别人带来的危险。个人事务和社会公益之间地位上的不对等向我们表明了他对人类的敌意。

一般来说，我们通常会发现，孩子的不文明行为和坏习惯是为了获得周围成年人的注意。

第 11 章

非攻击型性格特征

我们面对的是一些从未伤害过他人但是远离生活、远离人类、避免一切接触而且因为离群索居而无法与其他人合作的人。

那些并不公开敌视人类但给人以敌意的离群索居印象的性格特征，也许可以被归入非攻击型性格特征中。它们看起来好像是敌意之河被改了道，让我们觉得好像心灵在绕道蜿蜒而行。在这里，我们面对的是一些从未伤害过他人但是远离生活、远离人类、避免一切接触而且因为离群索居而无法与其他人合作的人。然而，大多数情况下，生活中的任务只能在共同工作中才能解决。我们认为，将自己孤立起来的个体也许跟那些公开而直接地和社会交战的人一样对社会怀有敌意。我们在极广的范围内进行了仔细研究，将更仔细地用实例来说明其中的几种突出表现。我们必须要考虑的第一个特征是隐遁。

隐遁

隐遁和离群索居表现为多种形式。孤立于社会之外的人少言寡语，或者根本就不说话。别人跟他们说话的时候，他们不看对方的眼睛，不听对方说话，或者在对方跟他们说话的时候不专心。在所有的社会关系中，即便在最简单的关系中，他们都表现出某种冷淡，这种冷淡使他们与他人疏离开来。我们能在他们的举止、行为、握手方式、说话的语调、与别人打招呼时的方式或拒绝与别人打招呼等中感受到这种冷淡。他们似乎在用每一种姿态在自己和他人之间制造距离。

在各种离群索居中，我们发现了野心和虚荣的暗流。这些人企图通过强调他们与社会之间的不同来抬升自己、优于他人。他们能获得的最多就是一种假想中的荣誉。在这种看似无害的自我放逐态度中，好斗的敌意十分明显。离群索居也许是更大的社会群体的特征。每个人身边都有这样的家庭——他们的生活密不透风地封闭着，抗拒与外界的一切接触。他们的敌意、自负以及信念（他们比其他每个人都好、都更高贵）非常明显。

焦虑

愤世嫉俗者的性格常常带有焦虑的色彩。焦虑是一种分布格外广泛的性格特征。它从童年最早时期到老年时期一直伴随着个体，使他的生活苦不堪言，阻止他与其他人进行一切接触，毁掉他建立平静生活的希望，或者毁掉他对世界做出有益贡献的希望。恐惧会染指人类的每一项活动。有些人有时候会害怕外在的世界，或者害怕自己的内心世界。

如果一个人由于害怕孤独而感到焦虑，那么他会设法逃避孤独，而如果一个人由于害怕社会而躲避它，那么他同样也会逃离社会。在焦虑的人中，我们总会发现一些为人熟知的个体，他们往往更多地考虑自己而少考虑别人一些。一旦某人采取了必须避开人生中所有困难的立场，那么任何必要的时候，焦虑都会来充当他的援军。还有些人，在开始做某些事情（无论这些事情是小到离开他们的家，与某个同伴分别，去找一份工作，还是坠入爱河）时，第一反应就是焦虑。他们与生活和他人之间的联系如此少，以至于境况中的每一个变化都会让他们恐惧。

他们个性的发展、能力的发展——为世人利益做出贡献的能力都显著地受到这一性格特征的阻碍和抑制。他们并不一定会发抖和逃跑，也可以是将脚步放慢一些，寻找各种借口和托词。大多数情况下，恐惧的人意识不到：只要有新情况出现，他就会产生焦虑。

耐人寻味的是（证实了我们的观点），我们发现有些人不断地想着过去或死亡。回想过去实际上是自我放逐的一种方式。对死亡的恐惧或厌恶，则是那些想要找借口逃避一切责任和义务的人的典型做法。他们着重强调，一切都是虚幻，人生太过短暂，未来难以预测。天堂和来世的慰藉也有大体相同的效果。对将真正的目标放在来世的人来说，现世的人生事务就成了一场完全多余的奋斗、一段毫无意义的人生历程。喜欢回忆过去的人会逃避一切考验，因为他们的野心阻止他们参加一场会暴露出他们真实价值的考验。在恐惧死亡的人身上，我们发现他们想成为“上帝”那样的伟大人物，想凌驾于他人之上，并且野心勃勃。

在孤身一人时瑟瑟发抖的孩子身上，我们发现了焦虑最早以及较为原始的形式。这样的孩子，他们的愿望不仅是有人来到他们身旁陪伴他们，他们对这种陪伴还有其他企图。如果母亲将这样的孩子独自撇下，他就会带着明显的焦虑唤她回来。但是，母亲在或不在他身边，他的表现都没有任何改变。孩子关心的是母亲为他服务，并受她支配。这种迹象表明，人们并没有使孩子形成精神上的独立，并且不当的教育方式，给了孩子强迫他人为自己服务的机会。

孩子表达焦虑的方式广为人知。当黑暗或夜幕降临，孩子很难看清周围环境，很难触到亲人时，这种焦虑就会变得特别明显。他会用焦躁不安的哭叫声弥补黑暗带来的恐惧。此时，如果有人急忙跑到孩子身边，那么我们上面所描述过的那种表现往往就会出现。孩子要求某人为他打开灯，坐在他旁边，跟他一起玩等。只要他顺从了他，那么他的焦虑就会消失，但是每当他的优越感受到威胁的时候，他就会再次变得焦虑，并通过自己的焦虑强化他的支配地位。

在成年人的生活中也有类似的现象。有些个体不喜欢独自出门。因为他们的焦虑姿态、他们四处逡巡的焦虑目光，我们可以在大街上辨认出这种人。有些人不肯从一个地方挪到另一个地方，还有些人似乎在沿着街道飞奔，好像有敌人在追赶他们一样。我们有时候会碰见这种类型的女性，她们会要求别人帮助她们过马路。然而她们并非老弱病残之人！她们可以轻松行走，而且通常非常健康，但是即便面临一丁点儿的困难，她们都会陷入焦虑和恐惧中。有时候，她们的焦虑和不安全感从她们离开房子那一刻就开始了。恐旷症（Agoraphobia，也译为广场恐惧症），或曰对开阔地域的恐惧，之所以耐人寻味，原因就在这里。在遭受这种病症之苦的患者的心里，觉得自己正在遭受某种敌意迫害的感觉挥之不去。他们相信，有些东西使他们完全不同于他人。担心自己可能会摔倒（在我们看来，这不过意味着他们觉得自己很高）就是这种态度的一种表现。在病理性的恐惧中，我们也会看到同样的权力和优势地位目标。对许多人来说，焦虑明显是一种迫使他人靠近自己、将自己扮成受苦者的一种手段。在这样的情况下，我们看到，为了防止受苦者再次焦虑，没有人能离开房间！每个人都必须屈服在这位病人的焦虑之下。一条规则就这样因为某人的焦虑而被强加在了周围所有人头上。每个人都必须围着他转，而他无须考虑任何人的感受。于是，他成了统治其他所有人的国王。

人的恐惧只能通过个人与社会之间的联系才能消除。只有有人类群体归属感的人才能没有焦虑地生活。

我们来看一个 1918 年奥地利革命时期的耐人寻味的例子。在那些日子里，许多病人突然宣布他们不能去参加讨论会。当被问及理由时，他们的回答大体意思是这样的：在这动荡不安的时代里，没有人能知道会在大街上碰上什么样的人；如果穿的比别人好，那就更不好说会发生什么事儿了。

在那个时代，人们普遍灰心丧气。但是值得注意的是，只有某些人得出了这样的结论。为什么只有这些人考虑到了这一点呢？他们会得出这样的结论并非偶然。他们的恐惧是这个事实造成的结果：他们从来没有与其他人有过任何接触。因此，在非同寻常的革命环境下，他们觉得自己不够安全，而其他人，他们觉得自己属于社会，因此并不感到焦虑，仍像往常一样做自己的事儿。

羞怯是一种不太引人注目的焦虑。我们所说的关于焦虑的一切同样也适用于羞怯。不管使孩子周围的人际关系简单到什么程度，羞怯总会使他们避免一切联系，或者就算建立了联系，也会被他们破坏掉。优越感，以及与众不同感，阻碍着这些孩子，使他们在建立新的联系时感受不到丝毫的快乐。

怯懦

怯懦是那种觉得自己面临的一切任务都特别难的人的一种性格特征，是那种在完成任何事儿时都对自己的能力没有信心的人的一种性格特征。通常情况下，这种性格特征的表现形式是动作迟缓。因此，个体和他要完成的考验或任务之间的“距离”不仅不会很快缩短，甚至还可能会保持不变。那些本应投入到生活努力做事却心不在焉的人，就属于这一类。这样的人会突然发现自己一点都不适合自己所选的职业，或者他们会遇到各种各样的反对意见，结果这些反对意见毁掉了他们的正常思维能力，使他们完全不可能再从事这个职业。除了行动迟缓之外，怯懦还可能表现为某种过度的安全意识和过度的准备意识，个体从事这些活动的唯一的目的就是逃避所有的责任。

个体心理学将适用于这种极其广泛的现象的所有问题称为“距离问题”。个体心理学已经形成了一种立场，从这个立场出发，我们可以毫无阻碍地对一个人做出评判，对他与三大人生问题的解决方案之间的距离做出判断。这些问题是：

社会责任问题；“我”和“你”之间的关系问题；究竟是以正确的方式促进了自己与他人之间的联系，还是以错误的方式阻碍了联系。人生面临的其他问题是工作和职业问题、爱情和婚姻问题。从失败的程度、个体与这些问题的解决之间的距离，我们可以得出关于他个性的深远结论。与此同时，我们可以利用我们以这种方式收集的信息，帮助我们理解人性。

在怯懦的情况中，正如我们已经指出的那些情况一样，其根本在于个体想要将自己与自己的任务或远或近地区分开来的愿望。然而，怯懦的个体除了上述悲观态度之外，还有光明的一面。我们也许可以假定，我们的病人完全出于这光明的一面选择了自己的立场。如果他在毫无准备的情况下着手某项任务的话，那么就算失败了也是情有可原的，而他的人格感和虚荣心也不会受到任何影响。他的处境会变得安全许多，他会像一个知道下面有防护网的走钢丝演员一样，就算掉下去也有网接着。而且，如果他毫无准备地着手某项工作，并失败了的话，他的个人价值感不会因此受到威胁，因为他可以说有许多原因使他没有办法出色完成。假如他不是开始得太晚，或者如果他充分地准备过的话，他就一定会成功。这样，可指摘的就不是人格缺陷，而是一些琐碎的状况，正因为这些状况，他无法像期望的那样承担责任。如果他成功了，那么他的成功就令人钦佩。因为，如果一个人勤奋地履行自己的职责，那么就算他成功了，也没有人会吃惊，因为他的成功是不言而喻的事。另外，如果他开始得太晚，只工作了一点点，或者并没有做好充分的准备，但仍然解决了自己的问题，那么就完全是另一种情况了。可以说，他会有双倍的英雄光环，他一只手就完成了别人必须双手才能完成的事情！

这些都是心理迂回的优势。然而迂回的态度暴露的不仅是个人的野心，而且暴露出了他的虚荣心，表明这个人喜欢扮演英雄的角色，至少是为自己扮演这种角色。他所有的活动都是为了满足自我膨胀，所以他也许看起来拥有某种特别的权力。

现在，我们来看看其他一些人。他们想要逃避我们上面描述过的问题，并因此给自己制造困难，从而达到根本不去处理那些问题或者至多犹犹豫豫地去处理那些问题的目的。在他们的迂回态度中，我们会发现他们有着所有如懒惰、好逸恶劳、经常换工作、怠工等这样的恶习。有些人将这种生活态度表现在外在姿态中，他们的步态那么柔韧，以至于他们看起来像蛇一样。这绝不是偶然。保守来讲，我们可以说这些人想要通过迂回避开问题。

一个来自现实生活的例子可以清楚地表明这一点，有这样一个男子，他清楚地表达出自己对生活的失望，因为他厌倦了或者一心只想着自杀。什么都不能给他带来快乐，他的整个态度都表明，他想结束自己的生命。诊询显示，他是家里三兄弟中的老大，他们的父亲特别具有野心，对生活充满了不屈不挠的热情，并且颇有成就。这个患者是最受喜爱的孩子，有望某一天继承父业。这个男孩子的母亲在他年龄很小的时候就过世了，但是也许是因为深受父亲保护，所以他与继母的关系非常好。

作为长子，他是不假思索的权力和力量的崇拜者。他的一举一动都带着一种专横的色彩。在学校里，他成功地成了班里的领头人。毕业之后，他接管了父亲的企业，与别人打交道时显得特别乐善好施。他说话的时候特别友善，对自己的工人很好，付给他们最高的薪资，对他们的合理要求总能满足。

然而，在 1918 年革命之后，他全变了。他开始抱怨员工不守规矩，说令他很头疼。说他们以前是请求，然后他给予满足，而现在他们是要求。他饱受其苦，甚至非常想放弃自己的企业。

于是我们看到他在这方面绕了个大圈。平常，他是一个有着良好意愿的管理人员，但是每当他的权力关系受到影响的时候，他就不再遵守规则了。他的人生哲学不仅妨碍他管理工厂，而且妨碍他经营自己的生活。如果他没有如此野心勃勃地证明自己是家里的主人，那么他可能在这方面还是可亲近的，但是对他来说，唯一重要的就是个人权力的支配地位。社会和商业关系的自然发展使得这样的个人支配权实际上行不通。结果，他的工作没有给他带来任何快乐。他的退却倾向既是对他难管的员工的攻击，也是对他们的一种抱怨。

现在，他的虚荣心只能得到一定程度的满足。整个局面中突然出现的矛盾围住了他。因为他的片面发展，他失去了改变自己的思维的能力，失去了形成新的行为准则的能力。他已经不能再进一步发展了，因为他唯一的目标就是权力和优越感。为了达到这个目标，他容许自己的虚荣心变成自己性格中的显著特征。

如果对他在生活中的人际关系进行调查，我们会发现，他的社会关系是高度不健全的。正如我们可以预料到的那样，他只会跟那些承认他的优越地位、顺从他的意志的人打交道。与此同时，他非常爱挑剔。由于他非常聪明，所以他有时还会给出一些一针见血、有辱人格的评论。他的冷嘲热讽很快驱散了他的朋友，事实上，他始终都没有一个朋友。他用各种乐趣补偿他在与人类接触中缺失的一切。

然而，一旦遇到爱情和婚姻问题，他那样的人格就会完全暴露出来。在这方面，我们可以预料到什么命运会降临到他头上。由于爱情要求的是最深刻、最亲密的结合，所以这里面容不下个人的专横欲求。但由于他一直都是统治者，所以他必须选择符合他愿望的婚姻伴侣。专横的、疯狂追求优越感的人永远不会选择软弱的人作为他的爱侣，而是会选择一个必须被一再征服的人，这样每一次的征服都像一场新的胜利。这样两个心性相近的人就彼此吸引了，他们的婚姻就是一场接一场的战斗。这个男士选择了一个在许多方面都甚至比他还专横的女人为妻。确如他们的准则一样，两个人都抓住每一个可能的武器，以维持自己的支配地位。于是他们越来越疏远，却又不敢离婚，因为双方都希望取得最后的胜利，都不愿离开他们的婚姻战场。

在这段时间，我们的患者所做的一个梦说明了他的心境。他梦见自己在跟一个看起来像女佣的年轻女孩说话，这个女孩使他想起了他的记账员。在他的梦里，他对她说：“但是你看，我出身高贵。”

这个梦很好解释。首先，他对别人有种轻视的态度。每个人在他看来都像佣人，都是没有文化、地位低下的人。如果对方是女人的话，那情况就更是如此了。我们必须联想到他当时正跟妻子处于战争状态，所以我们可以想当然地认为，梦里那个人象征着他的妻子。

没有人能理解我们这位患者。他自己也对自己了解甚少。因为他不断地到处奔波，傲慢无比，追求着自己的自负目标。伴随着他的这种与世隔绝的态度而来的，是他的傲慢自大，他以这种傲慢要求他人承认自己的高贵，虽然这完全毫无道理。与此同时，他还剥夺了他人的一切价值。这是一种无法容下爱、无法容下友谊的人生哲学。

被用来为这样的心理迂回辩护的论点常常颇有特色。在大部分情况下，这些理由都非常合理而且可以理解，只不过它们适用的是其他情况，而不是当前这种情况。比如，我们的患者发现，他必须结交朋友，并且他还做了努力。他加入了一个互助会，在那里，他将自己的时间浪费在喝酒、玩牌以及类似无用的事务上。他相信这是他能交到朋友的唯一方式。最后，他常常夜里回家很晚，且第二天早上的时候困倦疲惫。他还指出，如果一个人必须结交朋友的话，那么他至少不能经常去俱乐部之类的地方。如果他同时能更多地投入到自己的工作当中，那么这种理由也许还说得过去。但与此相反，我们发现，他结交朋友的结果是，他远离了战斗前线，一如我们所预料的那样。很明显，他是错的，虽然他的论点是正确的！

这个实例清楚地证明，使我们偏离直线发展道路的并不是我们的客观经历，而是我们的个人态度和对事物的评价，以及我们评估、衡量所发生之事的方式。在此，我们面对的是人类的各种错误。这个实例，以及相似的实例，呈现了一系列错误及进一步错误的可能性。我们必须努力联系个体的整体行为模式来考量这些论点，理解他的错误，并给予适当的指导以克服这些错误。要做到这一点，我们有必要明白，由错误的解读引发的往错误方向的发展如何导致了悲剧的产生。古人的智慧令人钦佩，他们在说到复仇女神涅墨西斯（Nemesis）时，要么是认识到了，要么是感觉到了这个事实。个体由于错误的发展而遭受的不幸，足够清楚地表明了这是他崇拜个人权力而罔顾人类共同福祉带来的直接后果。这样的个人权力崇拜迫使他迂回地接近自己的目标，而不考虑他人的利益，代价则是想到失败时那消除不掉的恐惧。就这一点来说，我们常常会在他的发展中看到神经性的疾病和表现，这些病症和表现的特殊目的与意义在于，阻止个体完成某些工作。从他紧张不安的表现中可以看出，似乎他往前的每一步都伴随着特别的危险。

厌世者在社会中没有立足之地。要做到光明正大、对人有益、不仅仅为了统治目的而担任领导者，就必须具备一定的适应性和服从性。我们中的许多人都在我们自身或者在我们周围的他人身上观察到了这条规则的真实性。我们知道，有些人去拜访别人时举止得体、从不让别人感到困扰，但是他们与别人做不了热心的朋友，因为他们对权力的追求妨碍着他们。这样也就难怪别人对他们不热情。这种类型的人会安静地坐在桌子旁，看上去一点儿都不开心。他更愿在公开讨论中发表意见，他的性格会在无关紧要的事情中显露出来。比如，他会竭尽全力去证明自己的正确性，哪怕他的正确与否对他人来说根本无关紧要。我们很快会看到，只要能证明他是正确的、别人是错误的，争论本身对他而言毫无价值。同样地，在迂回这一点上，他会有各种令人困惑的表现，会毫无缘由地感到困倦、匆匆忙忙却又毫无进展、无法入睡、失去权力并满腹牢骚。总而言之，我们从他那里只会听到抱怨，他却给不出抱怨的充足理由。他表现得像是一个病人，“神经紧张”。

事实上，所有这些都是他将自己的注意力从指向他所害怕的真实状态的事物上转移走的手段。他之所以选择这些“武器”，并非出于偶然。想一想那些害怕黑夜的人的固执反抗吧！当我们见到这样的人时，我们可以确信，他们从来没有与这个世界上的生活事务和解过。除了消除黑夜之外，没有什么能满足他的自我！他将这设为他做出调整、适应生活的条件。但是通过设置这个不可能的条件，他暴露了自己的不良意图！他拒绝生活！

所有这种神经质表现都源于这一点：这个神经质的人对自己必须要解决的问题感到恐惧，而这些问题不过是日常生活中必要的责任和义务而已。当这些问题出现的时候，他会寻找借口，要么是慢吞吞地去处理，要么是弄些情有可原的情况，或者找个借口完全避开。这样，他避开了维持人类社会个人所必须尽的义务，不仅伤害了周围的人，而且波及面可能更大，伤害了其他每个人。如果我们能更加透彻地了解人性，而且能够洞悉那些导致悲剧的潜在因素，我们也许很早以前就可以阻止这些症状的出现。攻击人类社会的逻辑规律和固有规律对我们没有益处。因为时间久远，再加上可能会出现的数不清的复杂情况，我们很少能准确地确定恶行和报应之间的关系，并从中得出富有启发性的结论。只有当将个人一生的行为模式铺陈在我们面前并对个人的历史进行精深的研究时，我们才能洞悉其中的联系，并解释清楚最早的错误出现在哪里。

未被驯化的本能是适应性较弱的表现

有一些人会表现出明显的、我们也许可以称为未被驯化的、无教养的或缺乏教化的性格特征。那些啃咬自己的手指甲或不断地挖鼻孔的人，以及另一些吃东西时狼吞虎咽以至于让人觉得他们对吃有着难以抑制的欲望的人，都属于这一类。这些表现很重要，这一点在我们看到这样的人像一头饿狼一样扑向自己的食物、不知道对自己的贪欲进行任何抑制、对表现出贪欲毫无羞耻时，就很清楚了。他吃东西时声音多么响！大口大口的食物消失在他深不可测的喉囊里！他吃得那么快，吃了那么多！而且他总是不停地吃！难道你没见过那种如果不总是吃点什么就感到难受的人吗？

无教养还表现为肮脏和杂乱。在这里我们指的不是那些因为有太多工作要做而不够整齐的人或者那些在奋力工作时偶尔表现出自然的杂乱的人。我们所说的这种人通常不工作，他们远离任何有益的工作，然而却始终看起来杂乱而肮脏。这些人似乎是故意弄出乱哄哄的样子，故意惹人不快。我们只要一想起他们，就会想到他们的典型行为。

这些不过是无教养的人的部分外在特征。他们清楚地向我们表明，他们就是不按规矩办事，他真的想使自己远离其他所有人。这些以及其他做出无教养行为的人常常使我们觉得，他们对他人而言毫无益处。大多数无教养行为都开始于童年时代，因为几乎没有哪个孩子是沿着直线路径发展的，但是有一些成年人始终都没有克服这些孩子气的特征。

构成这些表现的基础是这些无教养的人对与他人往来或多或少地厌恶。每个无教养的人都希望与生活保持距离，而且不愿意合作。他们不肯服从道德性的说教从而放弃自己的无教养，这是很容易理解的，因为当一个人不愿意按照规定遵守生活规则的时候，他的咬指甲或者表现出的其他类似行为其实是非常正常的。要想避开人类，要想达到这个目的，真的几乎再也没有比总是带着脏兮兮的衣领或者穿着污迹斑斑的外衣更好的方法、更有效的手段了。跟总是表现出这副样子相比，还有什么方式更能使他常遭受批评、在竞争中屈服并受他人关注？或者还有什么方式更有利于他逃避爱情、婚姻？他当然会输掉竞争，但与此同时他也有很充分的借口，总把自己的失败怪在自己的无教养头上，“如果我没有这种坏习惯的话，我什么事情做不成”。他大声宣称，但随后他就低声诉说自己的借口，“然而不幸的是，我有这种习惯”。

我们来看一个实例，在这个例子中，不开化成了自卫和欺压周围人的工具。这是一个 22 岁仍尿床的女孩。她是家里排行倒数第二的孩子，由于体弱多病，她一直享受着母亲的特别关爱，对母亲特别依赖。她设法日夜将母亲拴在身旁，所用的手段在白天是焦虑状态，在夜里则是恐惧和尿床。开始的时候，这对于她一定是一场胜利，对她的虚荣心是一种慰藉。她以牺牲兄弟姐妹为代价，成功地将母亲留在自己身旁。

这个女孩的另一个特别之处在于，她不能出去交友，不能进入社会，也不能去上学。每次离开家的时候，她就特别焦虑，甚至在长大一些之后，必须在晚上出去办事的时候，独自在夜色中行走对她都是极大的痛苦。她回到家的时候会特别疲惫、焦虑，还会讲自己途中遇到的各种可怕的涉险故事。我们可以看到，所有这些特征都只意味着，这个年轻姑娘想要始终待在母亲身边，但是由于经济状况不允许，她必须出去找份工作。她最后几乎是被迫去找了一份工作，但是仅仅过了两天之后，她尿床的老毛病又犯了，结果她被迫辞去了这份工作，因为她的老板对她发了怒。她的母亲不理解她这种病的真实意味，狠狠地责备了她。于是，这位年轻姑娘试图自杀，然后被送往医院。现在，她的母亲向她发誓说，她永远也不会再离开她。

所有这一切，尿床、对黑夜的恐惧、对独处的恐惧以及她的自杀企图，都指向了同一个目标。对我们来说，这一切意味着：“我必须紧紧待在母亲身边，或者母亲必须一直关注着我！”就这样，尿床这种无教养的习惯就有了有效的价值。现在我们认识到，也许我们可以根据这样的坏习惯对一个人做出判断。与此同时，我们知道，只有在完全了解了病人之后，我们才可能依据他的生活环境消除掉他的这些坏习惯。

一般来说，我们通常会发现，孩子的不文明行为和坏习惯是为了获得周围成年人的注意。那些想扮演重要角色，或者想向成年人展示自己的柔弱和无力的孩子往往会利用这些行为。每当有客人进家的时候，有时表现良好的孩子也会表现得好像是被恶魔附身了一样。这样的孩子是想扮演一个角色，而且他不会停止，直到他的意图得到了实现，达到了令他满意的程度，他才会罢休。当这样的孩子长大之后，他们会用这样的一些不文明行为竭力逃避社会提出的要求，或者他们会竭力变得难以与他人相处，从而破坏大众的共同福祉。所有这样的表现之下隐藏的是专横的、野心勃勃的虚荣心。只是，由于这些表现各种各样，而且伪装得很好，所以我们无法认清诱发它们的原因是什么，以及它们的目的到底是什么。

第 12 章

性格的其他表现

通过了解一个人在多大程度上愿意服务他人、帮助他人以及给他人带来快乐，我们可以轻易地测出他的社会感。

—— 开朗

我们已经指出，通过了解一个人在多大程度上愿意服务他人、帮助他人以及给他人带来快乐，我们可以轻易地测出他的社会感。能给他人带去快乐，这种天分会使一个人变得更引人关注。快乐的人更容易接近他人，我们认为他们在情感上更富有同情心。我们好像直觉地认为，这些性格特征是社会感更为强烈的标志。有些人看起来很快乐，他们从不垂头丧气、忧心忡忡，他们也不会将自己的烦恼卸给陌生人。在身边有人的时候，他们能够将这种快乐传递出去，令生活变得美好而有意义。我们可以感觉到他们是很好的人，不仅是因为他们的举动，而且是因为他们待人处世的方式、说话的方式、对他人的体贴关心以及他们的衣着、姿势、快乐的情感状态和他们的笑声。见识非凡的“心理学家”陀思妥耶夫斯基曾经说：“笑声比乏味的心理测试更能使人了解到一个人的性格。”笑声能够建立联系，也能够摧毁联系。我们都听过嘲笑别人不幸的笑声中蕴含的攻击意味。还有些人完全没有笑的能力，因为他们逃避社会和人群，以至于他们缺乏给别人带来快乐或表现出快乐的能力。还有一小部分人完全不能给任何别人带来任何快乐，因为他们只想着在可能置身的每种境况中都使生活变得悲苦。他们四处走动，好像想掐灭每一线光。他们从来不笑，或者只有在被迫的时候才笑，或者只有在想让人觉得他是快乐给予者时才笑。同情和憎恶的情感秘密由此就可以理解了。

与富有同情心的人相反，有些人是习惯性地令人扫兴的人、捣乱者，他们到处宣传说世界是悲伤和痛苦的深渊。有些人表现出一副被重担压弯了腰的样子，每个小小的困难都会被他们夸大，未来看起来暗淡而令人沮丧。他们会不失时机地在别人开心快乐的时候说出卡珊德拉（Cassandra，希腊神话中的人物，凶事预言家）式的预言。他们是彻头彻尾的悲观主义者，不仅对自己如此，对其他每个人也是如此。如果身边有人开心快乐，他们就会焦躁不安，并竭力从事件中找出令人沮丧的一面来。他们不仅言语上如此，还会做出令人烦恼的行为。他们以这种方式阻止别人快乐地生活，阻止别人享受人类间的友谊。

思维过程与表现方式

有些人的思维过程和表现方式有时会给人矫揉造作的感觉，以至于我们不得不注意到它。有些人思考或说话的时候就好像他们的思维视野中全是警句格言一样，我们可以提前判断出他们要说什么。他们满嘴套话，言语中充斥着从最糟糕的报纸中摘取的流行语、俚语或技术词汇。这种表达类型可以使我们更进一步地了解一个人。有一些想法和词语是一般人不用或者也许不会用的。他们那粗野而庸俗的风格体现在他们说出的每个句子里，有时候甚至会让他们自己都吓一跳。如果他回答每个问题时都带着口头禅或者俚语，如果他思考和行动都依据通俗小报和电影，那就说明，说话者在对他人进行判断与评论的时候缺乏同理心。不用说，有许多人都无法以任何其他方式思考，这表明了他们的心理迟钝。

学童般的不成熟

我们经常会遇到这样的人，他们给人的印象是，他们的发展停滞在学校生涯中的某个阶段，从来没有超越过这个阶段。在家里、工作中、社会上，他们表现得像个学童一样，急切地倾听并等待着发表意见的机会。他们总是急于回答聚会场合别人问的任何问题，好像他们想确保每个人都知道他们也对某个话题有所了解一样。这些人有一个重要特征，即他们只在确切的、固定的生活方式中才会感到安全。在某些处境中，学童行为不适合，每当他们发现自己处于这种境况中时，他们就会感到焦虑和不安。这种特征出现在各种智力层面中。具备这种特征且同情心比较缺乏的人，会表现得冷漠、严肃、难以接近，或者试图表现出对每门学科（包括它的基本原理）都无所不知的样子，他们要么一有人提起就立刻知道一切，要么试图根据先入为主的规则和准则对其进行归类。

迂腐和墨守成规

我们会发现一个有趣的现象：学究式的人往往总是试图

根据一些他们认为在任何情况下都有效的法则对每项活动、每个事件进行分类。他们相信这一法则，固守这一法则，如果不能依据这一法则对一切事物进行解释，他们会不舒服。他们是学究气十足的迂腐之人。我们觉得他们很没有安全感，所以必须将生命和生活中的一切都塞进几条规则与程式中，这样，他们才不会对生命及生活过于恐惧。如果某种情况不符合他们的规则和程式，他们只会逃跑。如果有人不按他们熟悉的规则行事，他们会感到受了羞辱，会不高兴。不用说，使用这种方法，有些人可以行使很大的权力。想想无数个与社会利益为敌的“拒服兵役者”的例子。我们知道，这些过于谨慎小心的人背后的动力是未受约束的虚荣心和想要占据统治地位的无止境的欲求。

即便他们是优秀的劳动者，他们那学究气十足的态度还是很明显。他们没有进取精神，兴趣非常狭窄，而且异想天开。比如他们也许会养成总走在楼梯外侧的习惯，或者专踩人行道裂缝走的习惯。还有些人无论如何都不肯放弃习惯了的路径。所有这些人对生活中的真实事物都没有多少同情心。为了贯彻自己的原则，他们浪费了大量时间，而且迟早会对自身以及周围环境没有任何兴趣。一旦他们不习惯的新情况出现，他们就会完全失败，因为没有了规则和魔法般的程式，他们什么都做不了。他们会严格避免任何变动。比如，对他们来说适应春天是很难的，因为他们已经长久地适应了冬天。通往显现出温暖季节迹象的野外的路会让他们感到恐惧，他们担心自己不得不更多地和他人接触，抱怨他们在春天的时候感觉更糟。由于他们特别难以适应新情况，所以我们会发现他们适合从事对创造性要求不高的工作。如果他们不改变自己，没有哪个雇主会将他们放在其他职位上。这些不是遗传来的性格特征，也不是不可改变的，而是对生活的一种错误态度，这种态度如此有力地占据了他们的心灵，以至于它完全控制了他们的性格。最后，这个人无法摆脱自己内在的偏见。

顺从

深受奴性精神影响的人同样不能很好地适应需要创造性的工作。他们只有在遵守别人命令时才会感到舒服。奴性顺从的人按别人的规则生活，这种人几乎是不由自主地寻求屈从的职位。这种卑躬屈膝的态度在人生的各种关系中都可以找到。我们从人的外在举止中就可以推测出这种态度的存在，它通常带着卑躬谄媚的姿态。我们看到他们在别人面前弯腰，认真地听每个人的话，并不对这些话进行太多的衡量和考虑，而是执行对方的命令，并附和、肯定对方的观点。他们将顺从当作荣耀，有时候甚至顺从到了令人难以置信的地步。有些人会在顺从中找到真正的快乐。我们绝不是说，那些时刻想处于支配地位的人是完美的类型，然而，我们希望指出那些在顺从中找到了人生问题的解决方案的人生活中的黑暗一面。

可以说，对许多人来说，顺从是生活中的一条法则。我们不提佣人这个阶层。我们说的是女性。女性应该顺从，这是一条不成文但根深蒂固的法则，许多人将其当成金科玉律来接受。他们相信，女性天生应该服从。这些观念毒害并摧毁了所有的人际关系，然而这种迷信却清除不掉。甚至在女性中，都有许多信徒，她们认为这是一条她们必须遵守的永恒法则。但是从来没有人见过有谁曾通过这样的观点得到过什么。或迟或早，会有人抱怨，如果女性不是这样的顺从，那么一切也许会变得更好。

下面这个例子将会证明这个事实：人类的心灵不会不加反抗地顺从，顺从的女性迟早会变得依赖，而且会在社交中变得枯燥乏味。这是一个因为爱情嫁给了一位名人的女人，她和她的丈夫都赞成上述信条，最后她简直成了一台机器，除了义务、服务和更多服务之外别无其他，每一个独立姿态都从她生命中消失了。她周围的人习惯了她的顺从，也并没有提出什么特别的异议，但是没有人从这种沉默中受益。

因为发生在相对有文化的人中间，所以这种势头没有发展到不可收拾的地步。但是相当一部分人认为，女性的顺从是她不言而喻的宿命，这种观点中蕴含着许多冲突的种子。当一个为人夫者认为这种顺从是理所当然的事情时，他和妻子之间迟早会产生冲突，因为，这样的顺从实际上是不可能的。

我们发现，有些女性受顺从精神影响如此之深，以至于她会专门去找看起来专横或粗暴的男人。这种不自然的关系迟早会演化成战争。我们有时候会觉得，这些女性故意想让女性的顺从显得荒唐，并证明它的愚蠢！

我们已经学会了克服这些障碍的方法。当一个男人和一个女人和睦生活的时候，他们必须在同志式的劳动分工状态下生活。在这种分工状态中，没有哪个人要服从另一个人。如果说，在目前情况下，这只不过是个理想的话，至少它给我们提供了一个衡量他人文化进步的标准。顺从问题不仅在两性关系中扮演着重要角色，给男性造成了数以千计无法解决的障碍，而且还在国家生活中扮演着重要角色。

奴隶制是古代社会的政治经济制度。数百年间，两个阶级的人都生活在绝对的疏远和敌对状态中。事实上，如今，在某些民族中仍然留存着种姓制度，顺从原则和一个人对另一人的支配也仍然存在，而且可能会随时派生出另一种特定类型的人。在古代，人们通常认为，劳动是相对低下的事，是奴隶才做的事，而主人不会为了普通的劳动脏了自己的手。主人不仅是发号施令者，而且还是优秀品质的集大成者。统治阶级是由“最好的人”组成的，希腊语中的“Aristos”就是这个意思。统治阶级是由“最好的人”把持的，而“最好的人”又完全是由权力决定的，而不是由对美德和品性的检验决定的。贵族是那些拥有权力的人。

在现代，我们的观点受到了先前存在的奴隶制度和贵族政治的影响。但是人类社会发展的一个必然趋势是人与人之间的关系越来越亲密，这使过去的等级制度变得毫无意义。思想家尼采就提倡“最好的人”进行统治和其他所有人保持顺从。至今，要想从我们的思维过程中剔除人与人之间的主仆区分观念，使人人平等，仍然特别难。然而，哪怕仅仅是拥有人与人之间绝对平等这种观点，就是个很大的进步，这种观点能够帮助我们，并防止我们在行为上出现极大的错误。有些人已经变得如此奴颜婢膝，以至于他们只有在感激别人时才会快乐。他们永远在说对不起，好像是为了自己多余地存在于这个世上而抱歉。我们不要由此受到蒙骗，认为他们这样会很开心。大多数情况下，他们并不觉得快乐。

专横

与我们刚刚描述过的那种奴颜婢膝的人相对应的，是专横的人，他们必须占有支配地位，并且扮演主要角色。在生活中，他们只关心一个问题："我如何才能凌驾于他人之上?"这种角色中往往伴随着各种各样的失望。从某种程度上来说，这种专横角色也许是有用的，如果其中没有伴随着太多的敌意挑衅和敌意活动的话。每当需要指挥者的时候，你就会看到这样的专横的人。他们寻求那种在组织中占有优势的位置。在动荡的年代里，当一个国家处于革命时期的时候，有这种性格的人就会浮出水面。而且，完全可以理解的是，这样的人之所以会出现，是因为他们有适当的姿态、恰当的态度和欲求，而且，他们通常也有担当领导角色所需要的品质。他们习惯了在自己家里发号施令。除非他们能在其中扮演国王、统治者或将军的角色，否则任何游戏都不会让他们感到满意。他们中有些人，如果别人在发号施令的话，就做不了任何事情。一旦必须遵从他人的命令，他们就会情绪激动、焦虑不安。在和平年代，我们会发现这样的人主宰着小群体，无论是在工作还是在社会中。他们总是在最显眼的位置，因为他们驱策自己，而且有很多要说的。只要他们不扰乱生活规则，我们就对他们没有异议，尽管我们不能认同社会对这些人的高度评价。他们也是站在深渊前的人，因为他们不能在普通人中扮演好自己的角色，他们做不了优秀的队友。终其一生，他们都精神极度紧张，如果不以某种方式证明自己的优越，他们永远不会安宁。

情绪和气质

如果心理学认为，人的生活方式和工作态度严重受制于自身情绪和气质，而这种情绪和气质源于遗传，那就大错特错了。情绪和气质并非遗传而来，它们受过度虚荣和过度敏感的影响，因为过度虚荣、敏感的人对生活的不满表现在各种各样的逃避中。他们的过度敏感就像一个被过度伸张的触手，他们用这个触手对每一种新的情况进行探测，然后再对之进行最后的处理和应对。

然而，有些人仿佛始终处于欢乐的情绪中。他们努力创造出一种欢快的气氛，以此作为生活的必要基础，他们看中生活中更为光明的一面。在他们身上，我们会发现各种层次的快乐。他们中有些人有着孩子气的快乐，在他们的孩子气中，存在一些十分触动人心的东西。他们不是逃避自己的任务，而是以某种顽皮的、孩子气的方法完成这些任务，就好像这些任务是游戏或者拼图一样。也许，再也没有比这种态度更富有同情心、更美好的态度了。

但是，他们中有些人快乐得过了头，在处理相对比较严肃的情况时，也是以同样的孩子气的方式。有时候这种方式如此不适合生活中需要认真对待的事，以至于会给我们留下非常不好的印象。看到他们工作时的情景，我们会感到不确定，觉得他们真的很不负责任，因为他们希望太轻易地战胜困难。结果，他们被排除在真正困难的工作之外，而这也正是他们自愿逃避的。然而，这种类型的人也有值得称赞的地方。与他们一起工作常常让人感到愉快。与其他那些天天哭丧着脸的人相比，这种人讨人喜欢。跟那些行事时阴郁不满、只会看到遇到的每种境遇里的黑暗面的人相比，他们更容易成为人生赢家。

厄运

无论谁，只要他反对社会生活的绝对真理和必然规律，就迟早会在生活中的某个地方感受到反作用力，这是心理学中一条众人皆知的常识。通常，犯了这种严重错误的人不会从经验中吸取教训，而是会把自己的不幸看作降临到他们头上的不公正的个人灾难。他们穷其一生证明自己遭遇了怎样的厄运，证明自己做什么都没有成功过，因为他们所做的每一件事最终都失败了。我们甚至会从这些不幸的人身上看到他们为自己的厄运感到自豪的倾向，就好像这种厄运是由某种超自然力量引起的一样。对这种观点进行更密切的观察，我们会发现，又是虚荣在这里扮演着邪恶的角色。这样的人表现得好像某个恶神没别的事干，一直在迫害他们一样。雷雨来的时候，他们相信闪电是冲着他们来的；他们担心窃贼会光顾他们那与众不同的房子。如果有什么不幸要发生的话，他们确定他们就是将要遭殃的人。

只有把自己看成所有事件的中心的人才会如此夸张。不幸一直如影随形，这对任何一个人来说都是一种极为被动的处境，但是，当这样的人感到所有敌对力量都在盯着他要对他实施报复的时候，其实是一种顽固的虚荣心在起作用。这种人相信自己是抢劫犯、谋杀犯以及其他令人讨厌的家伙（比如幽灵、鬼魂）的猎物，从而将自己的童年弄得悲苦万分，好像那些家伙和幽灵鬼怪除了迫害他们之外就没别的事干一样。

可以预料，他们的态度会在他们的外在举止中表现出来。他们走起路来好像在负重前行一样，他们弯腰弓背，这样就没有人会低估了他们肩负的重担。他们让我们想起了支撑着希腊神殿的女像柱（Karyatids），他们终身托着神庙的柱廊。这些人万分严肃，悲观地看待一切。所以就不难理解为什么事情在他们身上总会出错了。他们之所以总被厄运戕害，是因为他们不仅让自己痛苦，而且将他人的生活置于不幸中。虚荣是他们不幸的根源。身处不幸是他们显示个人重要性的一种途径。

第 13 章

情感与情绪

情感和情绪与个性紧密联系在一起，所以我们每个人都能够体验到情绪。

情感与情绪是我们先前所说的性格特征的强化形式。情绪表现为突然的释放（在有些有意识或无意识的迫不得已的压力下），像性格特征一样，它们有明确的目标和方向。我们可以称它们为精神活动，它们有明确的时间界限。情感并不是无法解释的神秘现象，它们产生于与个体的既定生活方式和个体的预定行为模式相适应的地方。人之所以产生情感，是因为他想改变自己的处境。情感是强化了的、更激烈的心灵活动，出现在已经放弃了其他用以达到目的的方法或者对实现目标的其他可能性已经失去了信心的人身上。

我们在这里先讲一讲那些在自卑感和无力感（这些感觉迫使他聚集起所有的力量，做出极大的努力）驱使下做出了更激烈动作的人：如果没有这种自卑感和无力感，他们原本不必如此激烈。由于这些努力，他们相信自己有可能成为公众瞩目的焦点，能够证明自己的胜利。正如没有敌人，我们就不会愤怒一样，同样地，如果没有想到愤怒的目标是胜过敌人，那么愤怒这种情绪也同样是不可想象的。在一些文化中，通过这种强化了的心理活动实现自己的目标，仍然是有可能的。如果不存在通过这种方法获得认可的可能，我们也许就不会情绪爆发得那么频繁。

对实现自己的目标没有足够信心的人，不会因为自己的不安全感而放弃目标，而是会通过付出更大的努力，并在辅助性的情感和情绪的帮助下努力实现自己的目标。被自卑感刺痛的人通过这种方法聚集力量，试图以一些野蛮的、不文明的方法来实现自己想要实现的目标。

由于情感和情绪与个性的本质紧密联系在一起，所以它们不是孤立的个体所独有的性格特征，而是几乎或多或少地存在于所有人身上。如果所处的情形合适，每个个体都会显现出某种特别的情绪。我们也许可以将这称为情绪能力。情绪是人类生活中必不可少的一部分，我们每个人都能够体验到情绪。一旦我们对一个人有了相当深刻的了解，我们也许就可以很好地猜想出他的惯常情感与情绪，而不用与他进行实际接触。情感与情绪这样根深蒂固的现象自然会对身体产生影响，因为身体和精神密切结合在一起。伴随着情感和情绪出现的生理现象会表现为血管和呼吸器官中的各种变化，比如脸色通红、脸色苍白、脉搏加快和呼吸异常。

分离型情感

1. 愤怒

愤怒这种情感其实是奋力争取权力和支配地位的象征。这种情感非常清楚地表明，它的目的是迅速而有力地摧毁挡在愤怒者路中央的每个障碍。以前的研究已经告诉我们，愤怒的人是倾尽全力力争优势地位的人。这种对认可的奋力争取有时候会演变成一种真正的权力迷醉。出现这种情况的时候，我们会发现这样的人，任何有损他们权力感的微小刺激都会使他们勃然大怒。他们认为（也许是由于以前的经历），用这种方法（愤怒），他们可以非常轻易地为所欲为、征服对手。这种方法并不需要依靠很高的智力水平，然而在大多数情况下确实会有用。大多数人都能轻易想起自己曾通过偶尔的狂怒重新获得声望的经历。

在某些情况下，愤怒很大程度上来说是合情合理的，但是在这里，这些情况不在我们的考虑之列。我们所说的愤怒，指的是始终怀有愤怒这种情感的人，以愤怒作为习惯性的突出反应的人。有些人实际上是愤怒成性、引人注目，因为他们没有其他处理问题的方法。他们通常是傲慢自大、极其敏感的人，不能忍受屈居人下或者与人并肩，他们必须高人一等才会开心。于是，他们眼神尖锐，随时处于警惕之中，以防有人太过靠近或者对他们不够尊崇。经常与他们的这种敏感联系在一起的是不信任这种性格特征。对他们而言，信任别的人是不可能的事。

我们发现，与他们的愤怒、敏感以及不信任相随并存的还有其他一些与之密切相关的性格特征。在顽固的个体身上，我们完全可以想象，这样异常有野心的人，他们害怕每一项重大任务，并因此无力调整自己以适应社会。假如他在某方面遭拒，他只知道一种反应方式，即以一种通常令周围人非常痛苦的方式表达自己的抗议。比如，他也许会摔碎镜子，或者毁掉一个非常值钱的花瓶。事后，如果他试图为自己开脱，说他不知道自己当时在做什么，他人自然不能完全相信他。他想要破坏环境的欲望简直一览无余，因为他总是在毁掉某些值钱的东西，而从来不会把自己的怒气发泄在不值钱的东西上。他的行动无疑是有计划性的。

尽管这种方法在小范围的圈子里可以取得一定的成功，但是只要这个圈子变大一点，这种方法就会失去它的效用。我们很快会发现，这些愤怒成性的人一直在与世界发生冲突。

伴随着愤怒情感的外在姿态如此常见，以至于我们只好用“暴怒”这个词来想象一个易怒之人的画像，他对这个世界的敌意态度非常明显。愤怒情感意味着几乎完全不存在社会感。对权力的奋力争取表现得如此激烈，置对手于死地的念头会很容易冒出来。我们可以通过解决我们观察到的各种情绪和情感，实践我们对人性的了解，因为情感和情绪是性格最清晰的指征。我们必须将所有易怒的、愤怒的、激烈的个体都看作社会的对立者和生活的对立者。我们必须再一次提醒大家注意，这些人对权力的奋力争取建立在他们的自卑感的基础上。任何意识到了自己权力受到威胁的人都没有必要表现出这种攻击性的、激烈的动作和姿态。我们永远都不能忽略了这个事实。在勃然大怒的时候，所有的自卑感和优越感都极其清楚地显现了出来。发怒是一种卑鄙的手段，通过这种手段，个人以他人的不幸为代价抬高自己的身价。

酒精是促使狂躁和愤怒出现的最重要的因素之一，非常少量的酒精就足以产生这种效果。众所周知，酒精会减弱或消除文明对人的约束。醉酒的人表现得好像从未受过教化一样。就这样，他失去了对自我的控制，也不再顾及别人。当他没醉的时候，他也许能掩藏自己对他人的敌意，并约束自己的敌意倾向，而一旦喝醉之后，他真实的性格就暴露出来了。这些与生活不能融洽相处的人之所以会首先选择酒精，这绝不是什么偶然。而是因为他们不仅在酒精中找到了因为没有得到自己想要的东西而为自己开脱的借口，而且找到了某种安慰和忘却。

脾气发作在孩子身上比在成年人身上更为常见得多。有时候，一个微不足道的事件就足以使一个孩子脾气发作。这是由于，孩子身上存在更大程度的自卑感，所以会以更透明的方式来表现他们对权力的追求。愤怒的儿童实际上是在追求认可，他所遇到的每个障碍不是难以逾越就是难以克服。

当怒火的发泄超出了通常的咒骂和暴怒的范围之后，就真的有可能会伤及愤怒的人自身了。就这一点，我们完全可以写一篇报告，就自杀的性质进行论述。在自杀中，我们看到了因为遭受了某种挫败而想要伤害亲朋好友的企图，以及想要报复自己的企图。

2. 悲伤

当一个人因为失去了什么而无法自我安慰的时候，悲伤这种情感就会出现。悲伤，跟其他情感一样，是对不快或软弱感的一种补偿，相当于一种想得到更好处境的企图。在这方面，它的价值与脾气爆发的价值相当。它们之间的不同点在于，它是由其他刺激引起的，以另一种姿态为特征，而且采用的也是另一种方法。在这种情感中，对优势地位的追求也存在，正如在其他情感中那样。然而在愤怒中，个体寻求的是抬高自己的自我评价而贬低自己的对手，他的愤怒指向的对象是他的某个对手。与此不同，悲伤却相当于从精神前线退缩，这是它随后扩张的先决条件。在后面的扩张中，悲伤的个体会实现他的自我抬高和满足。但是这种满足是以一种宣泄的形式存在的，这个举动对准的是环境，虽然跟愤怒中的情形相比，是以一种不同的形式进行的。悲伤的人会抱怨，并用自己的抱怨使自己与他人对立起来。虽然悲伤是人的天性中的一部分，但是夸大这种悲伤则是对社会的一种敌意姿态。

悲伤者的自我抬高是通过周围的人对待他的态度实现的。我们都知道，悲伤的人发现，如果其他人自愿为他们服务、同情他们、支持他们、鼓励他们或者明确为了他们的共同福祉而努力，会使他们的处境变得更轻松、容易一些。如果精神发泄由于眼泪和显现的悲伤而获得了成功，那么很明显，悲伤者就通过将自己变成“法官”“批评家”或“原告”的方法，将自己凌驾在了环境之上，对现存的秩序提出了挑战。“原告”出于悲伤对环境提出的要求越高，他对权力的诉求就越明显。悲伤成了悲伤者将约束性义务强加在他人头上的一条无可反驳的理由。

这种情感清楚地表明了利用软弱对优势地位的争取，以及维护自己地位、逃避无力感和自卑感的企图。

3. 对情感的滥用

只有认识到情感和情绪是克服自卑感、提升人格和获得认可的有价值的工具，我们才能理解它们的意义和价值。情感表露能力在精神生活中有广泛的应用。一旦孩子明白他可以通过由于被忽视感而产生的狂怒、悲伤或哭泣来支配他的环境，他就会一次次地对这种获得环境支配权的方法进行测试。这样他会轻易形成这样一种行为模式：一种会使他通过自己的典型情感反应对环境中的轻微刺激做出反应的行为模式。他会随时利用自己的情感，只要它们当时符合他的需求。过度沉溺于情感是一种不良的习惯，这种习惯有时候会变成病态。如果童年时期出现过这种情况，我们会发现成年后这个人会不断地滥用自己的情感。我们见过这样的人，他们玩笑般地利用愤怒、悲伤以及其他所有情感，就好像它们是玩偶一样。这种无用且常常令人不快的性格剥夺了情绪的真正价值。这样的人，每当他们得不到某个东西或者每当他们的个人支配权受到威胁的时候，游戏式的情绪就会成为他们的习惯性反应。他们也许会以激烈的哭喊表达自己的悲伤，激烈到令人不快的地步，因为这太像一则刺耳的个人广告了。我们见过这样的人，他们给人的印象是：他们在跟自己比赛，看看自己能表现出何等程度的悲伤。

这种情绪滥用有时候还伴随着一些生理现象。众所周知，有些人会任由自己的愤怒强烈到影响自己的消化系统的地步，他们狂怒的时候会呕吐。这种机制明白无误地表现出了他们的敌意。悲伤这种情绪同样跟拒绝进食联系在一起，悲伤的人体重真的会减轻，名副其实地亲身示范“悲伤的写照”。

我们对这些类型的情感滥用不能漠然视之，因为它们影响到了他人的社会感。一个痛苦的人受到别人的友善对待时，我们所描述的那种激烈情感就停止了。然而，有些人对他人的友好的苛求达到了如此地步，以至于他们会希望自己的悲伤永不停止，因为只有在这种状态下，他们的个人意识才会由于别人表现出的友谊和同情得到切实提升。

尽管我们的同情与愤怒和悲伤之间存在着不同程度的关联，但是后者是分离型的情感。它们不会真的使人与人之间更亲近。事实上，它们会给社会感造成伤害，从而造成人与人之间的分离。没错，悲伤最终会使人联合，但是这种联合不是正常出现的，因为双方都没有对此做出贡献。它会使社会感发生扭曲，在这种扭曲中，或迟或早，另一方会不得不付出更多！

4. 厌恶

“厌恶”这种情感明显地带有分离因素，尽管这并不像在其他情感中表现得那样明显。从生理上来说，厌恶发生于当胃壁受到某种形式的刺激的时候。从心理上来说，厌恶是个体将精神生活中的一些东西“吐”出来的倾向和企图。也正是在这里，我们会看到这种情感中的分离性因素。随后的事件强化了我们的观点。厌恶是一种反感姿态。伴随着这种情感出现的厌恶怪相意味着对环境的鄙视，以及以遗弃的姿态解决问题。人有时候会编造借口，使自己摆脱令人不快的处境，这样，这种情感就被轻易滥用了。要假装恶心是很容易的，而一旦出现这种感觉，我们就可以理所当然地从我们身处的特定社会聚会中逃离了。没有哪种情感能像厌恶这样被如此容易地通过人为作用制造出来。经过特殊的训练，任何人都可以培养出轻易地制造出恶心的能力。这样，一种无害的情感就成了人对抗社会的强有力的工具，或者成了逃避社会的屡试不爽的借口。

5. 恐惧和焦虑

焦虑是人类生活中最重要的现象之一。这种情感不仅是一种分离型情感，而且跟悲伤一样，能够使人与他人之间产生一种单向关系，这就使它变得更为复杂。孩子通过恐惧避开某种局面，而去向他人寻求帮助。焦虑机制并不会直接表现出任何优越感——事实上，它反而像是在例证某种挫败。在焦虑中，个人竭力使自己看起来渺小，但正是在这一点上，这种情感的连接性一面（其中同时蕴含着对优势地位的渴求）变得明显起来。焦虑的人遁入另一种局势的保护中，并试图以这种方式使自己变得强大，直到他们觉得自己有能力直面并战胜他们认为摆在了他们面前的危险。

在这种情感中，我们面对的是一种源于自然的根深蒂固的现象。它反映着所有生物都会面临的一种原始恐惧。人类尤其会遭受这种恐惧，因为天性中的柔弱和不安全感。我们对生活中的困难缺乏了解，以至于孩子永远不能与这种情感达成和解。必须有其他人为孩子提供他所缺乏的东西。孩子在人生初始的时候就感觉到了这些苦难，生存环境开始对他施加影响。在努力补偿自己的不安全感的过程中，他始终面临着失败的危险，而且会因此形成一种悲观主义倾向。于是，他最突出的性格特征就变成了渴求环境为他提供帮助、替他考虑。他站得离自己人生问题的解决方案越远，他就会变得越发谨慎。如果强迫这样的孩子迎难而进的话，他会带着退缩的姿态和计划。他们始终准备着撤退，很自然，他们最常见、最明显的性格特征就是焦虑这种情感。

我们在这种情感的表现方式中看到了对抗的苗头，正如在模拟中那样，但是这种对抗既不是挑衅型的，也不是直线型的。当这种情感出现病理性演变之后，我们有时候会清楚地感到，焦虑的人伸出了求助的手，试图将别人拉到自己身边，将对方拴在自己身边。

对这种现象进行的进一步研究把我们引向了我们之前在焦虑性格特征下已经考量过的要素。在这种案例中，我们讨论的是要求别人提供支持的人、需要别人始终关注他们的人。它其实就是一种主仆关系的建立，他人不得不随时为焦虑者提供帮助和支持。对此进行进一步的研究，我们会发现，有许多人终其一生都在要求别人的特别认可。他们已经如此丧失了自己的独立性（这是由于他们与生活接触不充分、不正确造成的），以至于他们以特别激烈的方式要求获得额外的特权。无论他们多么强烈地寻求他人的陪伴，他们都没有多少社会感。而如果任由他们表现出焦虑和恐惧，他们就会再次为自己创造出特权地位。焦虑帮助他们逃避生活的要求，并帮助他们奴役身边的所有人。最后，焦虑会潜入到他们日常生活的各种关系中，并成为他们取得支配权的最重要的工具。

连接型情感

1. 快乐

“快乐”这种情感明白无误地弥合着人与人之间的距离。它是一种与疏离或孤立相反的情感。在寻找伙伴、拥抱等类似情形中引起的快乐表现出现在那些想要一起玩、建立联系或者想一起乐享某物的人身上。这种态度就是一种连接型的态度。可以说，这是向他人伸出了一只手。这类似于从一个人身上向另一个人散发温暖。所有的连接性因素在这种情感中都存在。没错，我们又在讨论这样的人：他们力图克服一种不满足感或者孤独感，这样他们也许会获得一定的优越感，沿着那条已经被我们反复说明过的自下往上的路线。实际上，快乐可能是战胜困难时的最佳体现。笑声中带有使人自由的能量，它与快乐如影随形，而且可以说，它体现着这种情感的基本主旨。它超越了个人界限，与个人的同感和共鸣紧密联系在一起。

但是这种笑声和这种快乐都有被人为了个人目的而滥用的可能。所以，一个害怕失去存在感的病人，在听到有致人死亡的地震发生时，会流露出高兴的样子。在悲伤的时候，他则会有一种无力感。于是，他从悲伤情感中逃走，试图靠近悲伤的反面，即快乐。对快乐的另一种滥用是对他人的痛苦感到快乐。在不合时宜的时间或地点表现的快乐，其实是对社会感的否定和毁灭，这个时候的快乐不过是一种分离型情感，一种征服工具。

2. 同情

同情是社会感最纯粹的表达方式。一旦在一个人身上发现同情这种情感，我们基本就可以确定他的社会感已经形成，因为这种情感使我们能够判断一个人能在多大程度上与他人产生共鸣。

也许比这种情感本身更普遍、更常见的是人们对它的滥用。个体会借此假装自己有很高程度的社会感，而这在本质上是一种夸大。于是，有些个体在灾难发生时涌向现场，希望能在报纸上被提及，轻易获得一种名声，他们实际上并没有做任何事情去帮助那些受苦者。还有些人似乎非常想了解别人的不幸。对于专业的同情者和施舍者，我们不能脱离他们本身来看待他们的行动，因为他们实际上是在创造自身的优越感，凌驾于受苦之人和贫苦之人之上的优越感。他们声称自己给这些人提供了帮助。拉罗什富科，这位对人有着深刻了解的智者，曾经说过："从我们朋友的不幸中，我们总是能找到一定程度的满足感。"

有一种错误的做法是，把我们对悲剧的欣赏与这种现象联系在一起。有人说过，观众感觉自己比台上的人物更圣洁。这并不符合大多数人的情况，因为我们对悲剧的兴趣很大程度上源于我们的自我认知和自我教育。我们并不是没有看到，它只是一出戏而已，而且，我们是在利用戏中的情节鞭策自己为生活做好准备。

3. 谦逊

谦逊是一种兼具连接和分离两种属性的情感。这种情感也是我们的社会感的组成部分，它也同样与我们的精神生活密不可分。如果没有这种情感，人类社会就不可能存在。每当人的个人价值下降的时候，或者人的有意识的自我评价可能要丧失的时候，这种情感就会出现。这种情感会强烈地转移到人的身体中，这种转移在于毛细血管的扩张。毛细血管充血表现为脸红。这常常发生在脸部，但是有些人会红遍全身。

这种情感的外在表现是一种退缩。这是一种隔离姿态，伴随着轻微的压抑，这种压抑实际上是人在从危险处境中撤离前的预备状态。两眼低垂和羞羞答答都是逃离式的动作，这清楚地表明，谦逊是一种分离型情感。

跟别的情感一样，谦逊也会被滥用。一些人非常容易脸红，以至于他们与他人之间的所有人际关系都会受到这种分离型行为的破坏。当它被这样滥用时，作为一种隔离方法，它的价值就会变得非常明显。

Understanding
Human Nature

附　录

教育总评

在这里，让我们对在前面的论述中已经谈到过的一个论题再稍加几句评述。这个问题就是家庭教育、学校教育以及生活教育对心灵成长的影响。

家庭教育有可能帮助并助长了对权力的追求和虚荣心的发展。就这一点来说，每个人都可以从自身的经历中受到教训。确实，家庭拥有巨大的优势，很难想象还有哪个机构比家庭更适合照料孩子，并使他们得到合适的教育。特别是在疾病问题上，家庭确实证明了它是保持人类存续的最佳机构。如果父母同时是优秀的教育者，有必要的洞察力，能够在孩子刚刚出现错误时就识别这些错误，并且能够通过适当的教育与这些错误进行斗争，那么我们会高兴地承认，没有哪个机构比家庭更适合保护健全的人类。

然而，不幸的是，父母既不是优秀的心理学家，也不是良好的导师。曾经，不同程度的病态的家庭自我中心主义似乎在家庭教育中扮演着主要的角色。这种自我中心主义要求自己家庭中的孩子受到特别的培养，要求自己家的孩子受到特别的重视，甚至以牺牲别人的孩子为代价。家庭中的教育因此犯下了极其严重的心理学错误，向孩子灌输了错误的观念，让孩子觉得他们必须优于其他任何人，让孩子觉得他们自己比其他所有人都好。任何建立在父权观念上的家庭组织都无法摆脱这种思想。

这种父权只在极微弱的程度上建立在人类群落感和社会感的基础上。它很快会诱使个体公开地或秘密地抵制社会感，但从来不会公开抵抗。权威教育最大的弊端在于，它向孩子提供了一种权力理想，并向孩子展示了拥有权力带来的欢愉。于是，每个孩子都对支配地位充满贪欲，对权力充满野心，并且极其虚荣。每个孩子都渴望爬上塔尖，都想受人尊敬，并迟早会要求别人对他顺从和臣服——他曾在自己成长的环境中看到他人对最有权势的人表现出的那种顺从和臣服。这种错误设想带来的不可避免的结果是，孩子会对他的父母以及世上其他人表现出好战的态度。

在这种家庭教育的影响下，孩子根本不可能看不见优势地位目标。我们能从喜欢扮演“大人物”的小孩身上看到这一点，正如我们还会在某些个体以后的生活中看到这一点一样。这些个体的想法和无意识的童年生活记忆清楚地表明，他们对待整个世界的态度就好像他们都是他的家人一样。如果他们我行我素的作风遭遇了挫败，他们往往就会从这个在他们看来很可恶的世界中撤离。

家庭确实也是适合社会感发展的地方。但是，我们知道，家庭中可能存在权力追求和权威的影响，在这种环境下，社会感只会得到一定程度的发展。孩子最早对爱和温情的倾心与他们跟母亲的关系联系在一起。也许这是孩子所能拥有的最重要的体验，因为在这种体验中，他意识到了另一个完全值得信任的人的存在。他学会了区分“我”和“你”。尼采曾经说过：“每个人都从他与自己母亲之间的关系中塑造出他所爱的人的形象。”裴斯泰洛齐（Pestalozzi）也指出，母亲是决定孩子将来与世界之间的关系的范本。事实上，孩子与母亲之间的关系决定了他以后所有的活动。

培养孩子的社会感是母亲的职责。我们在孩子身上发现的怪异人格就来自孩子与母亲之间的关系，而这种发展的方向是衡量母子关系的指标。在扭曲的母子关系中，我们通常会在孩子身上发现一定的社会缺陷。以下两种错误最为常见。第一种错误来自这个事实：母亲没有履行她对孩子的职责，孩子没被教育出社会感。这种缺陷非常重要，它会导致出现一连串令人不愉快的后果。孩子长大之后会像一个身处敌邦的异乡人一样。如果想要给这样的孩子提供帮助，除了重新扮演他母亲的角色之外，别无他法，这样的母亲角色是这样的孩子在成长的过程中因为某种原因缺失了的。可以说，这是使他成为社会人的唯一办法。第二种错误可能出现得更频繁，它存在于这个事实中：母亲承担了她的职责，但是以一种夸张的、惹眼的方式来承担这种职责，以至于社会感根本不可能超越母亲本身转移并投射到他人身上。这样的母亲容许孩子将发展起来的社会感完全地投射到她本人身上，也就是说，这样的孩子只对自己的母亲感兴趣，并将其他所有人排除在外。不用说，这样的孩子缺乏成为一个称职的社会人的基础。

除了与母亲之间的关系外，许多其他重要的环节也在教育中扮演着重要角色。令孩子感到快乐的托儿所能使孩子顺利地找到进入世界的途径。如果我们能理解大多数孩子在这个阶段面临着怎样的困难，能了解到在人生第一年里能与世界和谐相处或觉得这个世界是个快乐居所的孩子非常少，我们就会明白，早期的童年印象对孩子来说具有多么重大的意义。这些童年印记是指路牌，向他指出他在这个世界上必须前进的方向。如果再加上这个事实：许多孩子生来就是病人，体验到的只是痛苦和悲伤，而且大多数孩子根本没有旨在给他们带来快乐的托儿所，我们就会清楚地明白，为什么大多数孩子长大成人后没有成为生活和社会的朋友，也没有社会感（这种社会感可能会在真正的人类社会中开花、发展）来促动他们。此外，我们必须将教育中的错误带来的极其重要的影响考虑在内。严厉的权威式教育能摧毁孩子生活中可能会拥有的一切快乐。同样，为孩子消除道路上的每一个障碍，使他处于温室之中，“修剪”他，这样，长大成年之后，他就无法在家庭温室之外更猛烈的环境中生存。

因此，我们看到，在我们的社会和文明中，家庭教育并不十分适合培养我们想要的、非常宝贵的、对他人有着同志般友爱的人，反倒是在个体中培养起了大量的虚荣心以及熏心的个人利欲。

那么，究竟还存在什么可能，能对孩子在发展中出现的错误进行补偿，并使他的情况有所改善呢？答案是学校。但是，一些研究表明，学校教育可能也不适合完成这项任务。几乎没有哪个老师会愿意承认，他可以识别孩子身上的人性错误并能够纠正这些错误。他完全没有做好承担这种任务的准备。向孩子一点点地传授一定的课程在他的职责范围之内，但他可能不敢对人施加影响。每个班里都有太多的孩子，这一点更不利于他完成这项任务。

那么，有没有其他机构能够消除家庭教育的这些缺陷呢？有些人也许会提议，生活就是这样的机构。但是生活也有它特殊的局限性。生活本身并不适合改变人，虽然它有时候好像能起到这样的作用。人类的虚荣和野心不容许这一点存在。无论一个人犯了多少错误，他都会要么将责任怪在其他所有人头上，要么觉得自己的处境是不可挽回的。我们很少发现有哪个人会用自己的头碰生活的壁，也没有哪个人犯了这些错误后停下来反思。我们在前一章中对经验的滥用进行的分析，就证明了这一点。

生活本身不能产生任何实质性的改变。这在心理学上是可以理解的，因为生活面对的是人类的成品——人，而这些人已经有了自己清晰的观点。正相反，生活是最糟糕的老师：它没有深思熟虑，不会向我们发出警告，也不会给我们以教导，它只是不理我们，任由我们毁灭。

我们只能得出一个结论：唯一能带来改变的机构还是学校！学校也许能起到这种作用，如果它不被误用的话。迄今为止，情况始终是这样的：有机会接受学校教育的人将学校变成了满足他的个人虚荣心、实现他野心勃勃的计划的工具。如今，我们听到这样的叫嚣，说我们应该在学校里重建旧式权威。旧式权威难道取得过有价值的结果吗？一直被发现有害的权威怎么突然就变得有价值起来了呢？我们在家庭中已经看到过那种权威，家庭中的境况真的要好很多，但这种权威只带来了一样东西，那就是普遍的对权威的反叛，所以凭什么学校里的权威就会有益呢？任何权威，如果对它的认可不是源自它本身，不是自然出现的，而是被强行加在我们身上，那么它就不是真正的权威。有太多孩子来到学校里，感觉老师不过只是国家的一个雇员。要将权威强加在孩子身上，而又不会给他们的心理发展带来不幸的后果，那是不可能的。权威绝对不能建立在强权的基础上——它必须只以社会感为基础。学校是每个孩子在心理发展过程中都会历经的一种环境。因此，它必须能满足健康的精神发展的要求。只有当一所学校与健康的精神发展的需求相协调的时候，我们才能称其为好学校。只有这样的学校才能被我们称为适合社会生活的学校。

结论

在本书中，我们试图表明，精神源自一种遗传物质，它既是生理性的，又是心理性的。它的发展完全受社会影响的制约。一方面，机体的要求必须得到满足，另一方面，人类社会的要求也必须得到满足。人的精神就是在这种环境下发展的，它的发展就体现在这些条件中。

我们进一步研究了这种发展，讨论了认知、回忆、情感和思维能力，最后，我们讨论了性格和情感特征。我们已经指出，所有这些现象都由不可分割的纽带联系在一起。一方面，这些现象都服从于社会生活的法则；另一方面，它们又都受到个人对权力和优势地位的追求的影响，所以，它们以一种特定的、个别的以及独特的模式呈现出来。我们指出，个体的优越地位目标，经过他的社会感的修正——根据这种社会感在具体情况中的发展程度，产生了具体的性格特征。这样的性格特征绝不是遗传来的，而是以这样一种方式发展而来的，即它们符合产生于精神发展起源和资源的马赛克模式，并指向一个目标，这个目标对每个人来说都或多或少地始终存在。

这些性格特征和情感都是我们了解人类的极有价值的指示器，其中有许多我们已经在某种程度上进行了讨论，还有许多则被忽略了。我们已经指出，每个人身上都存在着一定程度的野心和虚荣心，这取决于个体对权力的追求。在这种表达方式中，我们可以清楚地看到个体对权力的追求及其活动方式。我们还指出，虚荣和野心的过分发展会阻碍个体的有序发展。社会感的发展也因此要么会受到阻碍，要么完全不可能获得发展。因为这两种特征带来的干扰性影响，社会感的发展不仅受到了抑制，而且会导致渴求权力的个体走向毁灭。

精神发展的这种规律在我们看来似乎是不容否认的。对任何想要有意识地、公开地安排自己的命运，而不是任由自己成为模糊的牺牲品的人来说，它都是一个重要的指示器。这些研究是就人性科学所做的实验，它是无法传授、无法培养的。对人性的理解在我们看来似乎对每个人而言都绝对必要，而且，对这门科学进行研究，是人类最重要的活动。

心理学大师经典作品

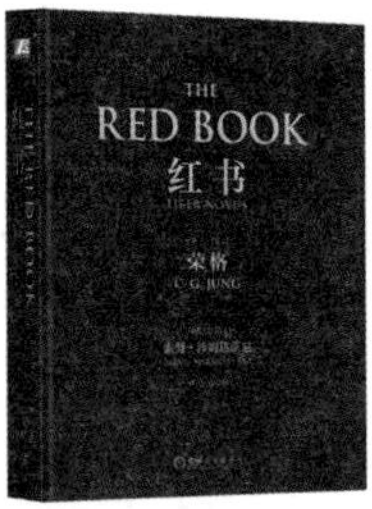

红书

原著：[瑞士] 荣格

寻找内在的自我：马斯洛谈幸福

作者：[美] 亚伯拉罕 · 马斯洛

抑郁症（原书第2版）

作者：[美] 阿伦 · 贝克

理性生活指南（原书第3版）

作者：[美] 阿尔伯特 · 埃利斯 罗伯特 · A. 哈珀

当尼采哭泣

作者：[美] 欧文 · D. 亚隆

多舛的生命：

正念疗愈帮你抚平压力、疼痛和创伤（原书第2版）

作者：[美]乔恩 · 卡巴金

身体从未忘记：

心理创伤疗愈中的大脑、心智和身体

作者：[美]巴塞尔 · 范德考克

部分心理学（原书第2版）

作者：[美]理查德 · C.施瓦茨 玛莎 · 斯威齐

风格感觉：21世纪写作指南

作者：[美] 史蒂芬 · 平克